大中型水电站运行检修系列

大中型水力发电厂运行工作流程手册

国网浙江紧水滩电厂　组编

中国电力出版社
CHINA ELECTRIC POWER PRESS

内 容 提 要

本书主要介绍了大中型水力发电厂运行工作流程。全书共四章，内容包括班组管理工作流程、"两票三制"工作流程、水轮发电机组检修后试验工作流程和典型故障处理工作流程。

本书主要适用于水力发电厂运行人员培训和查阅，也可供水电运维管理人员、变电运行人员、其他类型发电厂运行人员参考。

图书在版编目（CIP）数据

大中型水力发电厂运行工作流程手册/国网浙江紧水滩电厂组编 . —北京：中国电力出版社，2023.1
（大中型水电站运行检修系列）
ISBN 978-7-5198-7077-5

Ⅰ.①大… Ⅱ.①国… Ⅲ.①水力发电站—电力系统运行—业务流程—手册 Ⅳ.①TV737-62

中国版本图书馆 CIP 数据核字（2022）第 179413 号

出版发行：中国电力出版社
地　　址：北京市东城区北京站西街 19 号（邮政编码 100005）
网　　址：http：//www.cepp.sgcc.com.cn
责任编辑：崔素媛（010-63412392）
责任校对：黄　蓓　朱丽芳
装帧设计：赵姗姗
责任印制：杨晓东

印　　刷：三河市百盛印装有限公司
版　　次：2023 年 1 月第一版
印　　次：2023 年 1 月北京第一次印刷
开　　本：710 毫米×1000 毫米　16 开本
印　　张：11.5
字　　数：200 千字
定　　价：58.00 元

前　言

　　流程化管理是现代企业管理的一种重要方法，可以让员工懂得工作分别由谁做、怎么做以及如何做。工作流程可以进一步明确工作职责，提高工作效率。

　　水电厂运行值班工作千头万绪，工作任务复杂多样。运行人员随时接受各种工作任务，按照国家标准、行业标准和上级单位各项规章制度，安全规范高效完成。国网浙江紧水滩电厂在三十多年的运行实践中形成了一整套具有自身特点的适应现场实际的工作方法，并组织专业人员以流程图的形式固化、总结、提炼了这些工作方法，将水电厂运行各项工作梳理分类，编制成流程图，以指导今后的运行工作。

　　本书主要适用于水力发电厂运行人员培训和查阅，也可供水电运维管理人员、变电运行人员、其他类型发电厂运行人员参考。

编　者

目　录

第一章

班组管理工作流程

运行班组是水电厂的核心班组，主要承担设备监视、巡视、操作、故障处理等工作，为了完成这些工作，除了普通班组的考勤、绩效、培训等通用的管理工作外，还进行钥匙、标准操作票等技术台账的管理。

第一节 日常管理流程

本节主要介绍运行班组考勤、绩效、培训等通用管理流程，钥匙和接地线的借用、归还等运行特有管理流程。

一、考勤管理流程

【考勤管理规定】

（1）各部门、班组应有一名兼职考勤员，负责本部门、班组的日常考勤记录工作，兼职考勤员应相对固定。人力资源部有责任对考勤员进行业务指导和培训。

（2）考勤员应当每日做好当天的出勤记录，并将考勤表置放于班组或部门内便于职工查阅及领导监督的地方。缺勤记录应与请假单相符，如请假单不齐，需附原因说明。如有弄虚作假现象要追究考勤员责任。

（3）班组月度考勤表应送部门领导审核签字，于当月底前送到人力资源部。

（4）职工因违反《治安管理条例》及有关法律，被拘留传唤等相关原因造

1

成的缺勤，均按事假处理；职工因纠纷而造成停工不能上班者，其缺勤按事假处理。

（5）凡职工有下列情况之一者，均按旷工处理，工资扣发：

1）未经请假和请假未经批准而不来上班者。

2）请假期已满未续假或续假未经批准者。

3）不服从工作调动和工作安排而不来上班者，或调动工作而未按规定时间报到者。

4）伪造事实、假报情况而骗取假期或涂改请假单者。

5）工作时间擅离职守去做私活、办私事者。

6）虽请假但在外搞其他劳务收入或从事第二职业者。

7）出勤后无故不干活或无正当理由拒绝接受工作安排者。

8）在工作时间打架、斗殴、赌博者。

【流程说明】

（1）运行值班负责人根据班组成员上班调休出差等实际情况在考勤表上做好记录。

（2）班组考勤员每月 26 号审核考勤表记录是否正确，加班审批单、请假审批单、年休假审批单是否与考勤表一致。

（3）审核正确后班组考勤员计算班组全体人员的存工、津贴，上交部门考勤员。

（4）部门考勤员审核。

（5）部门考勤员审核正确后班组考勤员将本月考勤情况在班组进行公示。

（6）班组考勤员将本月考勤表打印签字后提交部门考勤员。

【流程图】

考勤管理流程如图 1-1 所示。

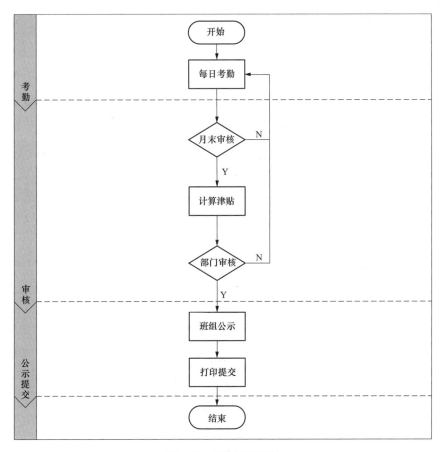

图 1-1 考勤管理流程

二、绩效管理流程

【绩效管理规定】

（1）员工绩效是指员工在职责范围内指标任务完成情况及综合表现情况。班组长采用目标任务指标和民主测评予以评价。班组一线员工采用目标任务指标、工作积分指标和民主测评相结合的方式予以评价。

（2）目标任务指标包括重点工作任务、工作业绩评价和突出贡献或减项考核。工作业绩评价、重点工作任务指标与部门的关键业绩指标、重点工作任务存在一定的关联性，体现部门绩效目标和任务到个人的分解。突出贡献或减项考核主要是对员工在电厂（部门）转型发展、提质增效等方面做出突出贡献或对电厂（部门）造成不可估量后果等重大事项的考核。

（3）民主测评指对员工劳动纪律、工作态度、工作能力、创新精神等方面的评价，重点对管理创新、破解难题等方面的工作给予评价。

（4）工作积分指标指对一线员工工作数量和工作质量完成情况进行量化累积的计分。

【流程说明】

（1）运行值班负责人根据班员每日上班工作情况做好记录。

（2）班组绩效员每月 26 号审核工作积分表记录是否正确。

（3）班组绩效员审核正确后班组绩效员根据工作积分计算班员月度绩效分。

（4）班组绩效员和班员沟通确认月度绩效分是否无误。

（5）班组绩效员将月度绩效分在班组进行公示。

（6）班组绩效员将本月绩效分提交部门绩效员。

【流程图】

绩效管理流程如图 1-2 所示。

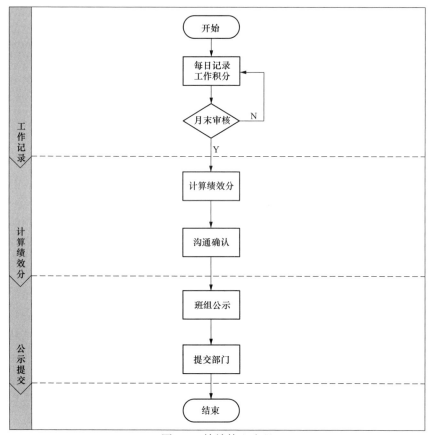

图 1-2　绩效管理流程

三、培训管理流程

【培训管理规定】

（1）班组培训每月二次，由班组培训员组织全班人员集中进行培训。

（2）班组培训内容包括安全规程、调度规程、运行规程、新设备投产资料等运行专业相关的知识。

（3）因故无法参加培训的人员在回归上班后补学培训内容。

（4）培训结束后班组技术员及时将培训情况进行总结和记录。

【流程说明】

（1）班组培训员制订培训计划，确定培训时间和内容。

（2）全体班员按时培训。

（3）因故无法参加培训的人员在回归上班后补学培训内容。

（4）班组培训员记录培训记录表。

（5）部门领导对培训情况进行评价。

【流程图】

培训管理流程如图 1-3 所示。

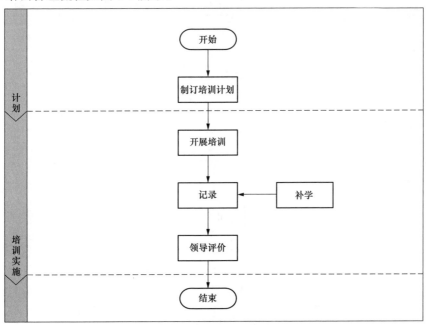

图 1-3　培训管理流程

四、技术问答管理流程

【技术问答管理规定】

（1）技术问答每月一次，由班组技术员根据班组培训计划出题。

（2）出题内容包括安全规程、调度规程、运行规程、新设备投产资料等运行专业相关的知识，事故预想，运行分析。

（3）班员应及时完成技术员出的题目。

（4）班组技术员及时对班员回答的问题进行点评。

【流程说明】

（1）技术员根据计划按月在运行管理系统上对值班员进行技术问题出题。

（2）全体班员按时进行答题。

（3）技术员对技术问题的答题情况进行评价。

【流程图】

技术问题流程如图 1-4 所示。

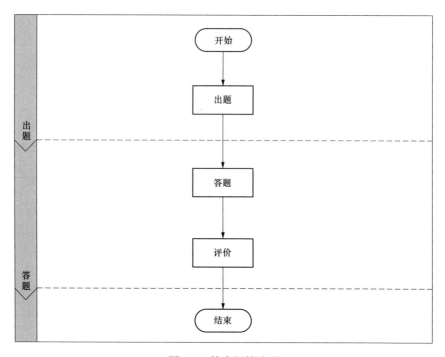

图 1-4　技术问答流程

五、运行值班日志管理流程

【运行值班日志管理规定】

（1）运行值班负责人应按时间顺序记录当天内发生的所有与运行有关的工作。

（2）运行值班日志要求内容翔实完整，表达清楚，言简意赅。签名字迹工整、清晰。

（3）每月初班组技术员将运行值班日志统一收存至相应文件柜，以便查阅。

（4）每年初班组技术员将运行值班日志统一移交档案室保存。

【流程说明】

（1）运行值班负责人按工作记录值班日志。

（2）倒班结束，交班运行值班负责人打印值班日志并确认签名。

（3）接班运行值班负责人确认值班日志内容并签名。

（4）每月初班组技术员将上月值班日志进行检查汇总。

（5）每年初班组技术员将上年度值班日志进行检查归档。

【流程图】

运行值班日志管理流程如图 1-5 所示。

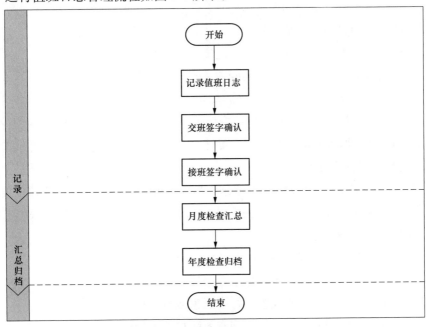

图 1-5 运行值班日志管理流程

六、安全工器具定期检查流程

【安全工器具定期检查规定】

（1）各班组应建立安全工器具管理台账，做到账、卡、物相符，试验报告、检查记录齐全。

（2）公用安全工器具设专人保管，保管人应定期进行日常检查、维护、保养。发现不合格或超试验周期的应另外存放，做出不准使用的标志，停止使用。个人安全工器具自行保管。安全工器具严禁他用。

（3）班组每月对安全工器具全面检查一次，并做好记录。

（4）安全工器具必须符合国家和行业有关安全工器具的法律、行政法规、规章、强制性标准及技术规程的要求。

（5）各类电力安全工器具必须通过国家和行业规定的型式试验，进行出厂试验和使用中的周期性试验。

（6）各类电力安全工器具必须由具有资质的电力安全工器具检验机构进行检验。

（7）应进行试验的安全工器具如下：

1）规程要求进行试验的安全工器具。

2）新购置和自制的安全工器具。

3）检修后或关键零部件经过更换的安全工器具。

4）对其机械、绝缘性能发生疑问或发现缺陷的安全工器具。

5）出了质量问题的同批安全工器具。

（8）电力安全工器具经试验或检验合格后，必须在合格的安全工器具上（不妨碍绝缘性能且醒目的部位）贴上"试验合格证"标签，注明试验人、试验日期及下次试验日期。

（9）安全工器具的保管及存放，必须满足国家和行业标准及产品说明书的要求。

（10）绝缘安全工器具应存放在温度－15～35℃，相对湿度5％～80％的干燥通风的工具室（柜）内。

（11）安全工器具应统一分类编号，定置存放。

（12）符合下列条件之一者，即予以报废：

1）安全工器具经试验或检验不符合国家或行业标准。

2）超过有效使用期限，不能达到有效防护功能指标。

（13）报废的安全工器具应及时清理，不得与合格的安全工器具存放在一起，更不得使用报废的安全工器具。

（14）报废的安全工器具应及时统计上报到安监部门备案。

【流程说明】

（1）根据定期工作时间班员每月检查安全工器具。

（2）检查过程中发现有安全工器具损坏，将损坏的安全工器具送维修，不能维修的重新申购新的安全工器具，按规定检验正常后入库，并做好记录。

（3）检查过程中发现安全工器具超试验周期，将超试验周期的安全工器具送检，检验正常后入库，做好记录。

（4）检查合格的安全工器具做好检查记录。

【流程图】

安全工器具定期检查流程如图1-6所示。

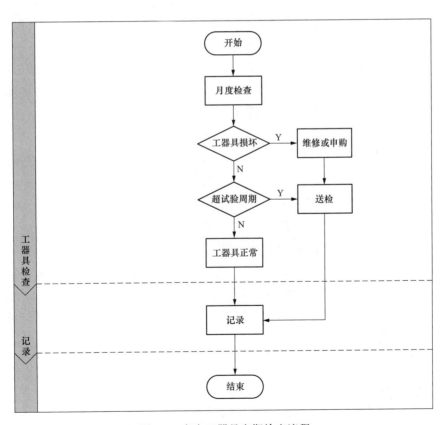

图1-6　安全工器具定期检查流程

七、钥匙借用、归还流程

🔧【钥匙借用、归还规定】

（1）生产区域的钥匙分为四级四类。

1）第一类为防误装置解锁钥匙，定义为第一级。

2）第二类为五防钥匙，定义为第二级。

3）第三类为智能电脑钥匙，定义为第三级。

4）第四类为常规机械钥匙，定义为第四级。

（2）本钥匙管理流程特指第三、四类钥匙管理流程，第一、二类钥匙另有规定。

（3）非五防智能钥匙。分为运行巡检用钥匙、出借钥匙和解锁钥匙。

1）运行巡检用钥匙：运行值班人员在日常巡检或在进行倒闸操作时使用。运行巡检用钥匙只有运行值班人员才能使用，其他人员不得使用。

2）出借钥匙：其他人员因工作原因，需要借用智能钥匙，需征得运行值班负责人同意后，并做好相关的钥匙借用登记后，方可出借，使用完后，应立即在规定的时间内归还，不得随意转借他人使用。

3）解锁钥匙：当发生危及人身、设备安全，并且运行巡检用钥匙和出借钥匙均无法使用的情况下，由运行值班负责人下令，方可使用解锁钥匙。使用时，应有两名运行值班人员，一人负责操作，另一人负责监护。

（4）常规机械钥匙。

1）常规机械钥匙应配三把，一把专供运行值班人员使用，一把专供紧急时使用，一把专供借给检修人员和其他可单独巡视设备的人员使用。

2）所有钥匙实行"集中管理分类编号存放"原则，钥匙名称按设备名称编写，统一存放在钥匙柜内，钥匙柜应设常用柜和备用柜分开存放，柜内应标明钥匙用途和名称，备用柜应使用玻璃门并上锁，只有在紧急情况下才可使用。

3）所有钥匙除当班运行值班人员使用外，其他按检修工作要求借出的钥匙必须在运行管理系统进行登记，严禁随意借给无关人员使用。钥匙交还后要及时注销。

4）钥匙柜中的所有钥匙由运行值班人员负责保管，按值移交，交接班时接班人员应检查柜内的钥匙是否齐全、钥匙名称编号是否清晰、是否对号放置，重点检查钥匙出借情况并核对钥匙借出登记是否正确。

📋【流程说明】

（1）钥匙借用。

1）由借用人提出钥匙借用申请。

2）说明使用地点、用途，借用时间。

3）运行值班人员根据实际情况决定是否借用。

4）运行值班人员根据实际情况对借用钥匙进行授权。

5）运行值班人员根据实际情况批准借用钥匙后在运行管理系统上登记钥匙借用人、借用地点、使用时间等基本信息后将钥匙转交给借用人，并汇报运行值班负责人。

（2）钥匙归还。

1）由借用人提出钥匙归还申请。

2）运行值班人员对归还钥匙进行检查，是否和之前借用的钥匙相对应，钥匙是否正确、完好。

3）运行值班人员确认所还钥匙无误后撤销权限。

4）运行值班人员确认所还钥匙无误后在运行管理系统上登记核销。

✏️【流程图】

钥匙借用流程如图 1-7 所示。

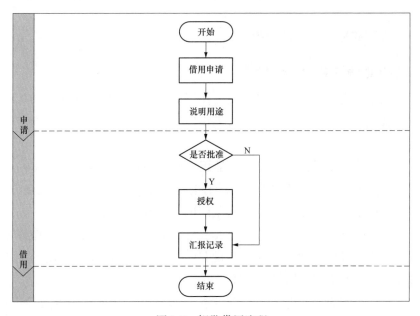

图 1-7　钥匙借用流程

✏️【流程图】

钥匙归还流程如图 1-8 所示。

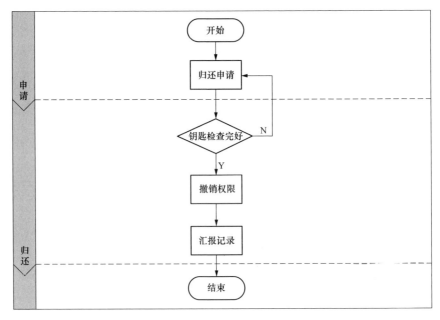

图 1-8　钥匙归还流程

八、接地线借用、归还流程

【接地线借用、归还规定】

（1）工作中需要装设工作接地线应使用本电站内提供的接地线，并履行借用手续，装设工作接地线的地点应由工作负责人与工作许可人一同商定，并不得随意变更。

（2）因工作需要借出的接地线，借用人应办理借用手续，由工作许可人在运行管理系统上填写借用的理由、装设的地点，会同借用人共同到现场确认后，履行签名借用手续。工作许可人应记录工作接地线的去向，按值移交。

（3）在工作终结前，由工作负责人负责拆除借出的接地线，工作许可人结合设备状态交接验收，清点接地线数量和编号，确保现场所有借出的接地线已全部收回，然后双方签名履行接地线归还手续。

（4）设备复役前，应检查临时增设的接地线和借出的接地线已全部收回，否则应查明未收回接地线是否影响设备复役。

【流程说明】

（1）接地线借用。

1）借用人提出接地线借用申请。

2）借用人向运行值班人员说明接地线用途、地点、装设时间。

3）运行值班人员根据实际情况决定是否批准申请人借用接地线申请。

4）在运行值班人员监护下，借用人装设接地线。

5）接地线装设完毕后，运行值班人员在运行管理系统上做好记录，并汇报运行值班负责人。

（2）接地线归还。

1）借用人提出接地线归还申请。

2）运行值班人员检查接地线是否完好。

3）运行值班人员将收回的接地线入库。

4）运行值班人员在运行管理系统上做好记录，并汇报运行值班负责人。

【流程图】

接地线借用流程如图 1-9 所示。

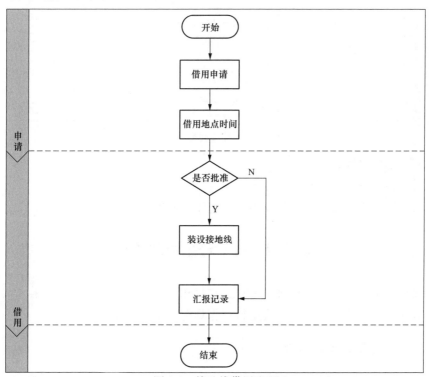

图 1-9　接地线借用流程

【流程图】

接地线归还流程如图 1-10 所示。

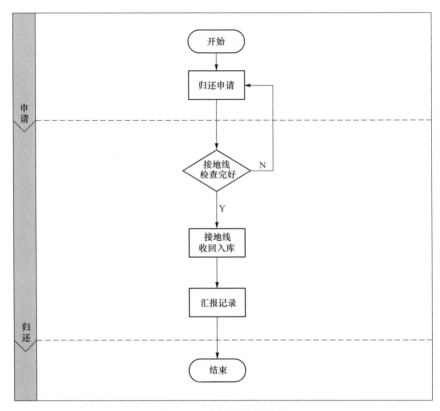

图 1-10　接地线归还流程

【提问测试】

（1）班组员工有哪些情况按旷工处理？

（2）发现班组安全工器具有损坏，应如何处理？

第二节　技术台账管理流程

运行班组主要的技术台账主要有运行规程、标准操作票、图纸、整定单等，做好这些技术台账的管理对完成运行工作具有重要的支撑作用。

一、运行规程修订流程

【运行规程修订规定】

（1）每 3～5 年对运行规程进行一次全面大修订。

（2）设备改造异动后应及时修订运行规程。

（3）每年组织运行人员对运行规程的适用性进行审核。

【流程说明】

（1）由运行值班人员拟写新规程。

（2）由运行值班人员提交更改申请单。

（3）由运行部门审核拟写规程，如不合格重新拟写并提交更改申请单。

（4）由相关专业工程师会签，如不合格重新拟写并提交更改申请单。

（5）由运行副总工程师或生产技术部主任审定，如不合格重新拟写并提交更改申请单。

（6）由总工程师审核，如不合格重新拟写并提交更改申请单。

（7）经过三级审核之后，上传标准库。

【流程图】

运行规程修订流程如图 1-11 所示。

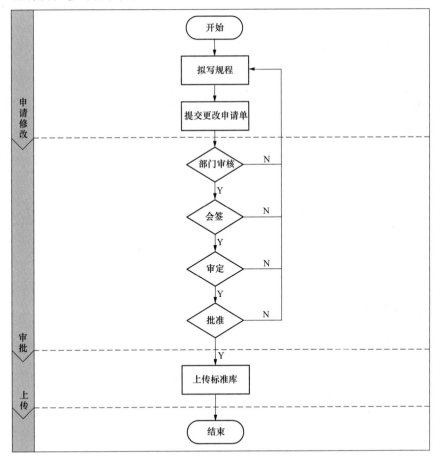

图 1-11　运行规程修订流程

二、标准操作票修订流程

【标准操作票修订规定】

（1）每 3～5 年对标准操作票进行一次全面大修订。

（2）设备改造异动后应及时修订标准操作票。

（3）每年组织运行人员对标准操作票的适用性进行审核。

【流程说明】

（1）由运行值班人员根据实际情况拟写新标准操作票。

（2）运行值班人员提交标准操作票更改申请单。

（3）运行部门审核，如审核不通过则重新拟写新操作票，重新提交更改申请单。

（4）相关专业工程师会签，如审核不通过则重新拟写新操作票，重新提交更改申请单。

（5）生产技术部审定，如审核不通过则重新拟写新操作票，并重新提交更改申请单。

（6）总工程师批准，如审核不通过则重新拟写新操作票，并重新提交更改申请单。

（7）经过三级审核之后，由运行技术员导入新的标准操作票。

【流程图】

标准操作票修订流程如图 1-12 所示。

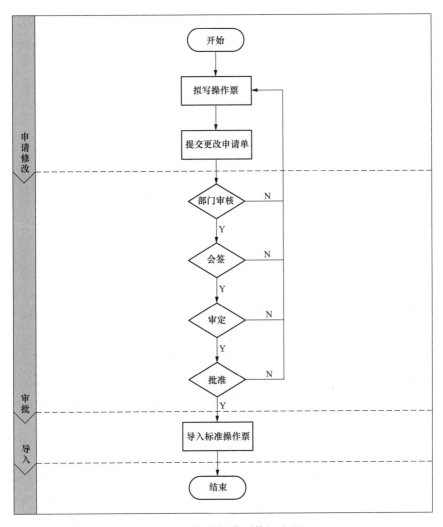

图 1-12 标准操作票修订流程

三、整定单管理流程

【整定单管理规定】

（1）整定单的编制。

1）整定单的编制应以上级主管单位提供的书面整定计算资料、规程和设备说明书为依据。

2）正常运行方式的整定值以生产技术部下发正式整定单为依据。特殊方式（运行方式改变、设备消缺等）下发临时整定值，可经生产技术部专责工程师认可，由运行许可后进行更改，特殊方式结束后立即改回。在启动投产中需临时更改整定值，应以启动方案为依据，由运行下令更改，启动结束后立即改回原定值。

3）整定单应包含新老整定单编号、厂站名称、编制日期、校验单位、间隔名称、设备型号、设备名称、装置版本号、整定说明、更改原因、执行期限、整定单执行人及时间、运行验收人及时间等。

4）整定单编号应用统一编号，比如以下模式：A-B-C-D-E（A 代表厂站；B 代表专业，YC 为一次，JB 为继保，ZD 为自动化，JX 为机械，TX 为通信；C 代表系统、设备，如 1 号机则为 1F，2 号主变压器则为 2B；D 代表装置或元件；E 代表整定次数）。

5）整定单的整定说明包括整定单编制原因、依据、运行注意事项、本定值运行方式、存在的问题，多方式不同定值的定值区设置，不同定值区的运行说明等。

（2）整定单的审批。

1）编制人员将整定计算书、整定单等交整定计算校核人员校核。校核人员应认真校核，并及时将问题反馈给编制人员。

2）校核人员将整定计算书、整定单、可编程逻辑等交生产技术部主任（副主任）审核，审核后交总工程师批准。

3）编制人员将批准的整定计算书归档，将批准的整定单及时分发给专业班组。

（3）整定单的执行。

1）现场执行人员应按整定单要求的执行时间及期限执行，应检查整定单内容是否与现场一致，发现不一致时，及时向整定单编制人员反映核对结果。

2）现场执行人员对整定单有疑点，应及时与整定单的编制人联系确认；若出现与现场设备定值不符、定值溢出等情况时，整定单的编制人应及时补发整定单并重新履行审批手续。

3）上级调度管理的整定设备，由生产技术部向上级调度提出定值修改申请，经核算决定是否更改。

4）整定工作完成后，现场执行人员应在整定单上签字并向现场运行值班人员交代清楚；现场运行值班人员应核对定值是否与整定单一致，核对无误后，现场运行值班人员应在整定单上签字，并在整定单上盖上"已执行"章。

5）整定单执行后，现场执行人应即时复印 2 份整定单，1 份交给运行当值（由运行当值负责替换现场整定单），1 份带回执行班组（由班组技术员负责替换现场整定单）。现场执行人在 3 天内将已执行的整定单原件交还给整定单的编制人，由整定单的编制人再分发给相关部门。执行后原件及电子文档由整定单的编制人归档。相关部门收到有效整定单后必须及时替换原整定单，整定单以最新执行的编号为准，确保整定单的唯一性、有效性。生产技术部应在一周内将上级调度下发的整定单执行情况上报编制单位。

6）整定单执行后，运行、检修班组管理的原整定单应立即作废，并盖上"作废"章。新整定单与已经作废的整定单不得同放一处。

（4）整定单核对管理。

1）每年双夏高峰负荷前（每年 6 月 30 日前），进行一次整定单的全面核对工作。

2）对在 6 月 30 日前进行年检的装置整定核对工作应结合年度校验进行；对在 6 月 30 日前未安排年检的装置整定核对工作，应安排专人进行核对。

3）生产技术部、运行部门、检修部门应有符合实际的整定单及有效清单目录。生产技术部与运行管理部门相互核对，生产技术部与检修部门相互核对，做到生产技术部、检修部门和运行部门三者完全一致。

4）定值核对应仔细全面，包括整定单编号、设备参数、整定值、软件版本号、校验码等，进口设备必须核对整定单、内部整定单、打印整定单三者定值的一致性。

5）每次整定单的核对情况应汇总并有书面记录，对发现的问题立即处理。生产技术部应根据核对结果下发整定值有效清单，并建立核对记录台账。

📇【流程说明】

（1）生产单位检修部门设备负责人根据电力调度机构下发的设备定值以及本单位管辖设备的定值，填写"设备定值单"。

（2）校核人校核定值单，不合格则由编制人重新编制。

（3）审核人审核定值单，不合格则由编制人重新编制。

（4）批准人批准定值单，不合格则由编制人重新编制。

（5）生产单位设备定值变更申请人收到批准的"设备定值单"后打印，办理工作票手续并执行。

（6）执行后，打印新的整定单与批准的整定单会同运行值班人员进行校对。

（7）运行值班人员核对后在整定单上盖"已执行"章，检修维护管理部门相关班组向运行管理部门、档案管理部门、生产技术管理部门提交已执行的"设备定值单"。

【流程图】

整定单管理流程如图 1-13 所示。

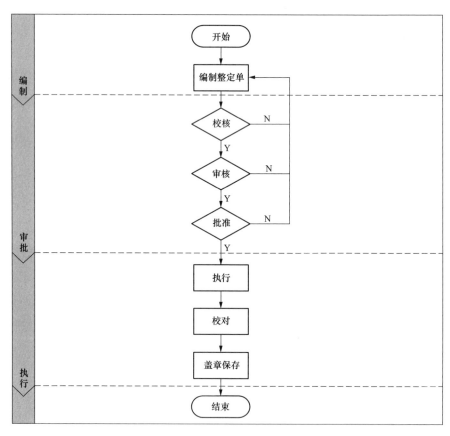

图 1-13　整定单管理流程

四、图纸定期核对管理流程

【图纸定期核对管理规定】

（1）CAD 电子图档由档案室分类保存，并有防止数据丢失或被破坏的有效措施。如定期刻录成光盘等，CAD 电子图档应作为整个工程不可缺少的一部分。

（2）生产技术图纸除必须仅有的相关专业人员外，任何部门、个人不得擅自打印、复制，不得擅自以 CAD 电子文档等形式在网上传播或者用移动硬盘、U 盘等复制出来。因工作需要必须打印或复制时，经办人提出书面申请单，总工程师（副总工程师）签字批准后方可通过档案室打印、复印、拷贝。

（3）下发的生产技术图纸若遇到丢失、破损不能使用的情况，经办人提出书面申请单，部门领导签字批准后方可通过档案室晒蓝图补发。

（4）运行专责工程师、运行班组技术员对运行班组的生产技术图纸应每半年进行监督检查，保证图纸的完整性和唯一性。

（5）生产技术部专责工程师编制本专业生产技术图纸清册，应每半年对图纸清册进行核查修改，每年下发有效图纸清册清单。

（6）档案室对归档资料定期检查监督，保证生产技术图纸归档的及时性。不断完善生产技术图纸的电子化管理，对没有电子化的历史图纸逐步加快 CAD 电子化管理安排。

【流程说明】

（1）设备改造后，运行值班人员核对图纸目录与内容。

（2）运行值班人员将图纸和现场设备对应，核对图纸是否齐全正确。

（3）若发现有图纸不正确，缺少图纸则向档案室提出申请，重新打印该部分图纸，将图纸放入对应的文件夹保存。

（4）做好图纸定期核对记录。

【流程图】

图纸定期核对流程如图 1-14 所示。

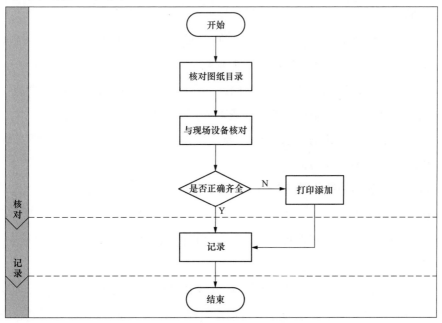

图 1-14　图纸定期核对流程

【提问测试】

（1）运行规程修订后需经哪几级审核？

（2）整定值有效清单由哪个部门编制？

第三节　设备缺陷管理流程

设备缺陷是指运行设备存在着影响人身和设备的安全与经济运行的异常现象。不同等级缺陷对设备安全运行存在不同的影响，需及时进行消除，未消除前要做好针对性的措施，保障设备安全运行。

【缺陷管理规定】

（1）缺陷指任何部件的损坏、不正常的运行状态或设备技术性能降低到一定程度，分为危急设备缺陷、严重设备缺陷和一般设备缺陷。

（2）危急设备缺陷指设备发生了威胁安全运行并需立即处理的缺陷，否则，随时可能造成设备损坏、人身伤亡、大面积停电、火灾等事故。

（3）严重设备缺陷指对设备有严重威胁，暂时尚能坚持运行，但需限时处理的缺陷。

（4）一般设备缺陷指上述危急、严重设备缺陷以外的设备缺陷，指性质一般，情况较轻，对安全运行影响不大的缺陷。

（5）危急设备缺陷、严重设备缺陷，运行值班人员必须采取应急措施，防止扩大，同时做好事故预想，加强检查，直至该缺陷得到处理为止。

（6）当危急设备缺陷正在造成设备损坏和危及人身安全时，应立即采取措施，以尽量减少损失和损害。

（7）危急设备缺陷、严重设备缺陷 1h 内通知有关领导、部门负责人、专责工程师和设备主人。

（8）一般设备缺陷在发现缺陷 2h 内通知检修管理部门班组长或值班人员、设备主人。

（9）机组长期发电、高温天气、新投产和检修后的设备、设备有严重缺陷等特殊情况，应增加机动性检查。巡视检查时做到"三定"，即：定时间、定路线、定设备；"六到"，即：足到、心到、眼到、耳到、手到、鼻到。

（10）对于危急设备缺陷和严重设备缺陷，生产技术部和检修部门，应立即组织抢修，总工程师（副总工程师）应予掌握和督促。

（11）设备缺陷要积极处理，严重设备缺陷应在接到通知后一天内（24h）组织处理，检修部门提出延期处理的，生产技术部专责工程师应请示生产技术部主任以上领导明确处置意见，及时组织制订对策，并限期消除。

（12）一般缺陷应在接到通知后 3 天内（72h）组织处理，检修部门提出延期处理的，生产技术部专责工程师应在 1 天内（24h）明确处置意见，及时组织制订对策，并限期消除。

（13）未按时处理的设备缺陷，检修部门应在规定时间内填写设备缺陷延期处理申请意见，说明原因，列出工作计划，明确消缺处理时间和意见，制订防止事件扩大的措施。

（14）一般缺陷处理以后，缺陷处理人员须及时向运行值班人员交底，在生产管理信息系统中填写设备缺陷处理情况，及时通知运行值班负责人进行验收核销。

（15）缺陷延期处理最长不得超过 3 个月，设备缺陷延期处理申请意见应明确具体时间，不得填写"待机组停役处理"等模糊意见，确实无法按期处理的，检修部门应提交专题缺陷分析报告，报生产技术部审核确认。延期缺陷未及时消除应重新填写缺陷通知或纳入隐患处理。

（16）严重缺陷由检修部门设备主人制订缺陷消除方案，提交生产技术部专责工程师、生产技术部主任审批。严重缺陷延期处理申请批准后，生产技术部专责工程师组织制订应对措施和消缺计划。

（17）涉及多专业的设备缺陷按照主工序原则由检修部门设备主人组织进行缺陷原因分析和制订措施方案处理，必要时由检修部门领导负责组织分析和处理。

（18）生产技术部主任（副主任）接到危急设备缺陷通知后，应向生产副厂长和总工程师汇报。总工程师组织有关部门人员讨论决定危急设备缺陷处理对策。生产技术部专责工程师根据厂部决策开展消缺策划工作。

（19）危急设备缺陷或严重设备缺陷处理后，须经运行当值和检修部门班组、设备主人、生产技术部专责工程师三级验收。

（20）正常工作时间内发现一般缺陷，由运行值班人员进行初步分析，采取临时措施，并及时通知检修部门班组和设备主人。检修部门应进行缺陷原因分析，制订措施方案进行处理。涉及严重设备缺陷，检修部门设备主人应立即开展缺陷原因分析，制订措施方案，并通知检修部门领导和生产技术部专责工程师。生产技术部专责工程师和主任负责对缺陷处理方案进行审批，检修部门领导负责组织消缺。

（21）非正常上班时间发现一般缺陷，运行值班人员应进行初步分析，采取临时措施，并通知检修部门班组值班人员到现场共同进行确认，及时进行处理。涉及跨专业的复杂问题，值班领导应到场组织协调相关专业人员，联系检修部门设备主人或生产技术部专责工程师进行电话确认，共同制订方案进行处理。涉及难以处理的问题和严重缺陷，由值班领导通知检修部门设备主人或生产技术部专责工程师，到现场进行缺陷原因分析，共同制订方案进行处理，必要时检修部门领导或生产技术部领导应到现场组织处理。

（22）设备带缺陷运行时，运行值班人员必须掌握设备存在的缺陷及设备带病运行中注意事项，加强监视。

（23）对暂时无法消除的严重缺陷，检修部门设备主人须填写严重缺陷处理通知单按生产技术部专工——生产技术部主任（副主任）——总工程师（副总工程师）逐级上报，由生产技术部主任（副主任）或总工程师（副总工程师）组织技术人员进行分析，提出防止事件扩大和预想事故发生的处理方法和措施，制订对策并报生产副厂长（总工程师）批准。

（24）严重设备缺陷处理通知单应报安监部备案，由安监部监督，限期消除。

（25）因缺少备品而暂时无法消除的缺陷，物资管理部门应按要求开通绿色通道，积极组织采购。

【流程说明】

（1）各级生产人员在日常工作中发现缺陷。

（2）缺陷发现人填写缺陷单。

（3）运行值班负责人审核确认缺陷，判定缺陷等级，通知消缺班组、设备主人。

（4）生产技术部主任接到重大缺陷通知后向生产领导汇报。

（5）总工程师组织有关部门人员讨论决定重大缺陷处理对策。

（6）生产技术部专工根据厂部决策开展危急缺陷消缺策划，制订危急缺陷消缺方案。

（7）严重缺陷由设备主人制订缺陷消除方案，提交生产技术部专责工程师、主任审批。

（8）严重缺陷延期处理申请批准后，生产技术部专工组织采取临时应对措施，制订消缺计划。

（9）检修部门根据严重缺陷消缺计划组织开展消缺。

（10）检修部门班组长根据部门安排做好人员、工器具、材料等消缺准备工作。

（11）接到缺陷通知72h内无法消除的缺陷，由班组提出延期处理申请，审批通过后，运行值班人员负责监视运行至具备消缺条件。

（12）消缺条件具备后，班组到运行办理工作票。

（13）班组开展消缺处理工作。

（14）消缺完成后，检修部门编制"设备缺陷分析报告"，进行班组、运行、生技三级验收。

（15）生产技术部专工、班组对缺陷发生的现象、检查情况、发生原因及消缺过程进行分析。

（16）验收通过后关闭缺陷单。

（17）生产技术部专工将缺陷情况编入设备健康状况分析报告。

（18）生产技术部专工对设备缺陷管理产生的资料进行归档。

【提问测试】

（1）设备缺陷分为哪几类？

（2）危急设备缺陷或严重设备缺陷处理后，须经哪些人验收？

【流程图】

一般设备缺陷管理流程如图1-15所示。

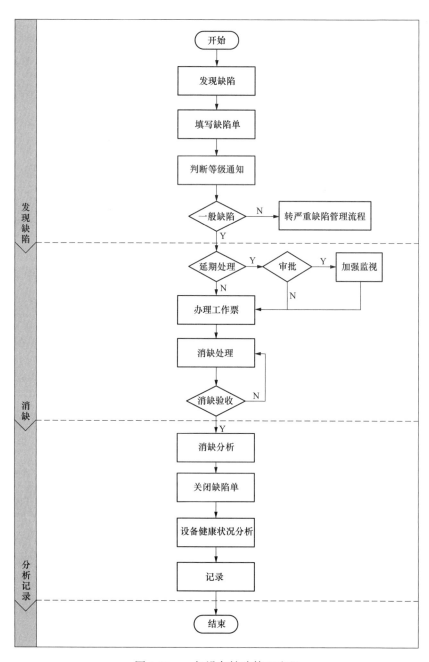

图 1-15 一般设备缺陷管理流程

【流程图】

严重设备缺陷管理流程如图 1-16 所示。

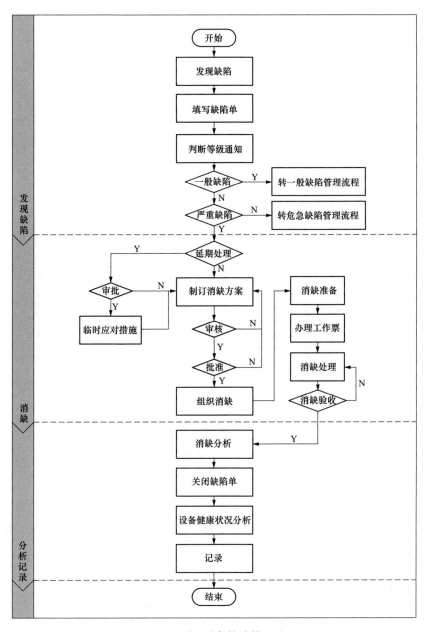

图 1-16 严重设备缺陷管理流程

【流程图】

危急设备缺陷管理流程如图 1-17 所示。

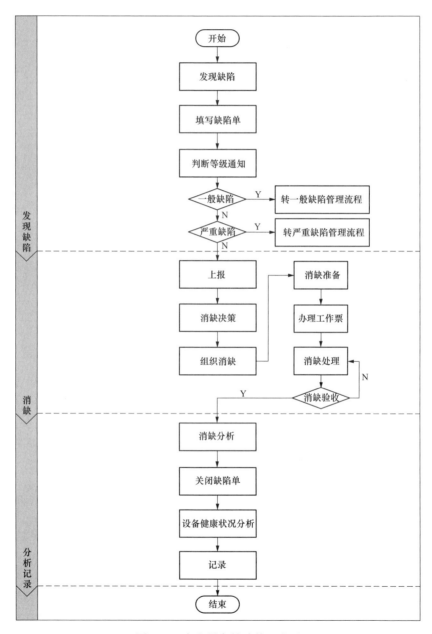

图 1-17　危急设备缺陷管理流程

第二章

"两票三制"工作流程

"两票三制"中的"两票"指的是工作票、操作票;"三制"指的是交接班制、巡回检查制、设备定期试验轮换制。它是水电厂安全生产最根本的保证,是水电厂运行班组管理的核心。

第一节 工作票管理流程

当设备停役检修或日常维护时,为确保作业人员的人身安全、设备安全及设备运行和检修的有序进行,明确安全责任、规范作业行为,须严格执行工作票制度。

一、工作票管理要求

(1)水电厂工作票的主要类别有:第一种工作票、第二种工作票、事故应急抢修单、水力机械工作票和动火工作票五种,其中动火工作票分一级动火工作票和二级动火工作票。

(2)工作票负责人、工作票签发人、工作许可人的资格应经考试合格并由厂安监部门批准,并以书面文件形式下发;发包单位的工作票负责人、工作票签发人应经安监部门认可,并以书面通知为准。

(3)工作票应使用黑色或蓝色的钢(水)笔或者圆珠笔填写与签发,一式两份,内容正确、填写清楚,不得任意涂改。用计算机生成或打印的工作票应使用统一的票面格式。工作票由工作负责人填写,也可以由工作签发人填写。

（4）一张工作票中，工作许可人与工作负责人、工作票签发人不得互相兼任。

（5）第一种工作票、计划性检修的水力机械工作票必须在开工前一天由工作负责人送达运行人员。

（6）一个工作负责人只能发给一张工作票，非特殊情况不得变更工作负责人，如确需更换时，需征得原工作票签发人同意并通知工作许可人予以办理，工作负责人只允许变更一次。

（7）需要变更工作班成员时，应经工作负责人同意，对新的作业人员进行安全交底手续后，方可进行工作。

（8）工作票的有效时间以批准的检修期为限。如上级调度管辖设备检修需延期，必须经上级调度同意方可办理，厂管辖设备由运行值班负责人批准方可办理；工作票的延期手续，只允许办理一次。

（9）工作结束后，运行人员和工作负责人应共同检查设备状况，检查有无外部遗留物件，场地、设备是否清洁，如对工完场清有疑问可以暂不终结或请示有关领导后再终结工作票。

（10）设备的异动和技改项目，须凭"设备异动申请单"方可签出工作票。工作结束后，工作负责人必须对一次设备异动及主要性能变化、继电保护、监控系统、自动装置工作情况及运行操作的变更记入运行有关记事簿，并修改相应的图纸，否则运行人员有权拒绝办理终结手续。

（11）在生产现场一级或二级动火区内进行动火作业，应同时执行动火工作票制度。

（12）工作票安全措施有变更或者检修工作延期一次后仍不能完成的，以及工作票有破损不能继续使用时，应补填新的工作票，并重新履行签发许可手续。

（13）承包、发包工程中，工作票可实行"双签发"，双方工作票签发人各自承担本部分工作票签发人的安全责任。

二、第一种工作票许可流程

【流程说明】

（1）检修人员通过运行管理系统前一天送达工作票或送达手工填写并签发

的第一种工作票。

（2）运行值班负责人审核工作票：人员资质、工作时间、工作任务、安全措施。

（3）工作票若审核不合格，驳回工作负责人进行修改，手工票要求其重新填写、签发。

（4）运行值班负责人审核工作票合格，进行电脑签收或手工签字签收。

（5）工作许可前，调度管辖的设备，需要汇报调度许可后，方可进行工作票许可。

（6）安全措施3步及以上需要运行人员在许可时操作的，运行值班负责人指派运行值班员填写安全措施票进行操作。

（7）运行值班员填写安全措施票，完成操作。

（8）工作许可人审核：人员资质、工作时间、工作任务、安全措施，不合格驳回修改。

（9）工作许可人补充安全措施和注明带电部位，若无需补充，填写"无补充"。

（10）工作许可人在运行管理系统上生成票号，手工票按照《两票管理规定》中的格式进行编号。

（11）工作许可人针对一次设备状态变动，填写状态交接单。

（12）运行值班负责人对状态交接单进行审核。

（13）工作许可人打印工作票、状态交接单，并一起装订。

（14）工作许可人根据工作票上所列安全措施现场逐项进行检查、布置、实施，并在"已执行"栏内打"√"，并在许可过程中所执行的安全措施的编号前打"＊"号或其他特殊标记。

（15）工作许可人会同工作负责人再次检查安全措施正确性，根据状态交接单逐项进行状态交接，证明检修设备确无电压，指明带电设备的位置和注意事项。工作许可人和工作负责人在工作票上分别确认、签名。

（16）工作许可人汇报运行值班负责人并在运行管理系统上进行回填或登记。回填内容包括：

1）安全措施"已执行"栏内打"√"或按照相关规定执行。

2）填写许可开工时间、许可结束时间。

3）执行许可工作流程。

（17）手工票登记内容包括：工作许可时间、工作票编号、工作内容、工作票负责人和工作许可人姓名。

【流程图】

第一种工作票许可流程如图 2-1 所示。

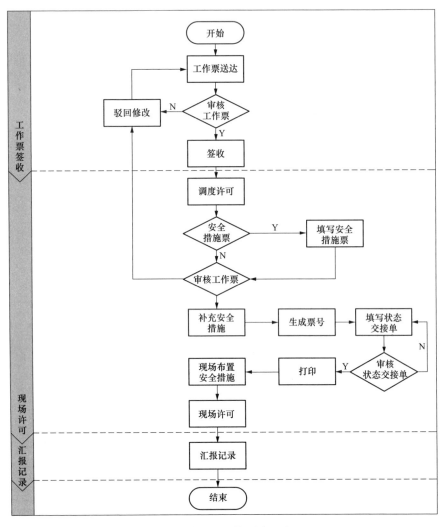

图 2-1 第一种工作票许可流程

三、第二种工作票许可流程

【流程说明】

（1）检修人员通过运行管理系统头天或当天送达工作票，也可以头天或当天送达手工填写并签发的第二种工作票。

（2）运行值班负责人审核工作票：人员资质、工作时间、工作任务、安全措施。

（3）工作票若审核不合格，运行值班负责人驳回工作负责人进行修改，如果是手工票则要求工作负责人进行重新填写、签发。

（4）运行值班负责人审核工作票合格，进行签收。

（5）工作许可前，调度管辖的设备，需要汇报调度许可后，方可进行工作票许可。

（6）安全措施8步及以上需要运行人员在许可时操作的，运行值班负责人指派值班员填写安全措施票进行操作。

（7）被指派的值班员填写安全措施票，完成操作。

（8）工作许可人审核：人员资质、工作时间、工作任务、安全措施，不合格驳回修改。

（9）工作许可人补充安全措施和注明带电部位，若无需补充，填写"无补充"。

（10）工作许可人在运行管理系统上生成票号，手工票则按照《两票管理规定》中的格式进行编号。

（11）工作许可人打印工作票并装订（手工票省略此步）。

（12）工作许可人根据工作票上所列安全措施现场逐项进行检查、布置、实施，并在"已执行"栏内打"√"，并在许可过程中所执行的安全措施的编号前打"＊"号或其他特殊标记。

（13）工作许可人会同工作负责人再次检查安全措施正确性，证明检修设备确无电压，指明带电设备的位置和注意事项。工作许可人和工作负责人在工作票上分别确认、签名。

（14）工作许可人汇报运行值班负责人并在运行管理系统上进行回填或登记。回填内容包括：

1）安全措施"已执行"栏内打"√"或按照相关规定执行。

2）填写许可开工时间、许可结束时间。

3）执行许可工作流程。

（15）手工票登记内容包括：工作许可时间、工作票编号、工作内容、工作负责人和工作许可人姓名。

【流程图】

第二种工作票许可流程如图 2-2 所示。

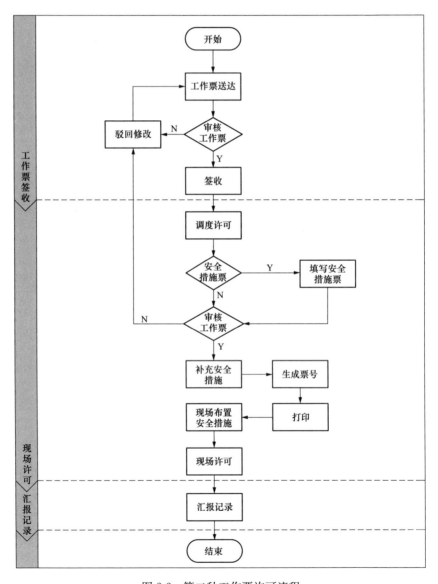

图 2-2　第二种工作票许可流程

四、水力机械工作票许可流程

【流程说明】

（1）检修人员通过运行管理系统或手工送达水力机械工作票。计划性检修或安全措施较多的水力机械工作票一般前一日送达，其他工作可在进行工作的当天送达。

（2）运行值班负责人审核工作票：人员资质、工作时间、工作任务、安全措施。

（3）工作票若审核不合格，运行值班负责人驳回工作负责人进行修改，如果是手工票则要求工作负责人进行重新填写、签发。

（4）运行值班负责人审核工作票合格，进行签收。

（5）工作许可前，调度管辖的设备，需要汇报调度许可后，方可进行工作票许可。

（6）安全措施3步及以上需要运行人员在许可时操作的，运行值班负责人指派运行值班员填写安全措施票进行操作。

（7）运行值班员填写安全措施票，完成操作。

（8）工作许可人审核：人员资质、工作时间、工作任务、安全措施，如不合格驳回修改。

（9）工作许可人补充安全措施和注明带电、带压部位，若无需补充，填写"无补充"。

（10）工作许可人在运行管理系统上生成票号，手工票则按照《两票管理规定》中的格式进行编号。

（11）工作许可人打印工作票并装订（手工票省略此步）。

（12）工作许可人根据工作票上所列安全措施现场逐项进行检查、布置、实施，并在"已执行"栏内打"√"，并在许可过程中所执行的安全措施的编号前打"＊"号或其他特殊标记。

（13）工作许可人会同工作负责人再次检查所做的安全措施，对补充的安全措施进行说明，对具体的设备指明实际的隔离措施，确认检修设备无电压、已泄压、降温、无转动，且没有油、水、气等介质流入的危险。对工作负责人指明带电、带压、高温设备的位置和有爆炸等危险的因素，交代工作中的注意事项。工作许可人和工作负责人在工作票上分别确认、签名。

（14）工作许可人汇报运行值班负责人并在运行管理系统上回填或登记。回填内容包括：

1）安全措施"已执行"栏内打"√"或按照相关规定执行。

2）填写许可开工时间、许可结束时间。

3）执行许可工作流程。

（15）手工票登记内容包括：工作许可时间、工作票编号、工作内容、工作票负责人和工作许可人姓名。

【流程图】

水力机械工作票许可流程如图2-3所示。

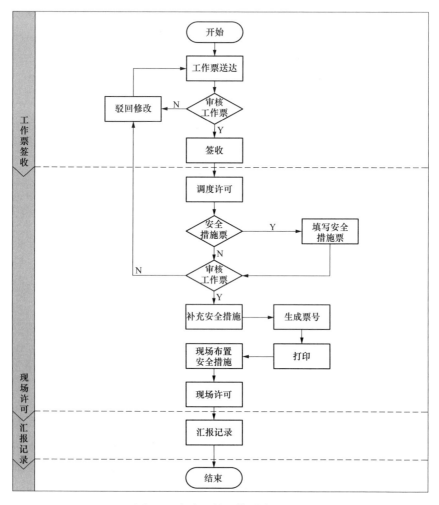

图2-3　水力机械工作票许可流程

五、二级动火工作票许可流程

【流程说明】

（1）检修人员运行管理系统头天或当天送达经消防部门、安监部门、动火部门负责人审核合格并签收的工作票，也可送达审核合格并签收的手工二级动火工作票。

（2）工作许可人审核工作票：人员资质、工作时间、工作任务、安全措施以及对应的检修工作票编号（如无，填写"无"）等。二级动火工作票的有效期为120h。

（3）工作票若审核不合格，驳回工作负责人进行修改，如果是手工票则要求工作负责人进行重新填写、审核、签发。

（4）工作许可人许可工作票前汇报运行值班负责人，运行值班负责人同意后方可许可。

（5）工作许可人在运行管理系统上生成票号，手工票则按照《两票管理规定》中的格式进行编号。

（6）工作许可人打印工作票（手工票省略此步）。

（7）工作许可人根据工作票上安全措施进行现场布置实施。

（8）工作许可人会同动火工作负责人到现场交代运行所做的安全措施，检查动火设备与运行设备是否确已隔离。确认无误后工作许可人和工作负责人在工作票上分别确认、签名。

（9）工作许可人汇报运行值班负责人并在运行管理系统上进行系统回填或登记。

（10）工作负责人在运行管理系统回填（手工票省略此步）。

【流程图】

二级动火工作票许可流程如图 2-4 所示。

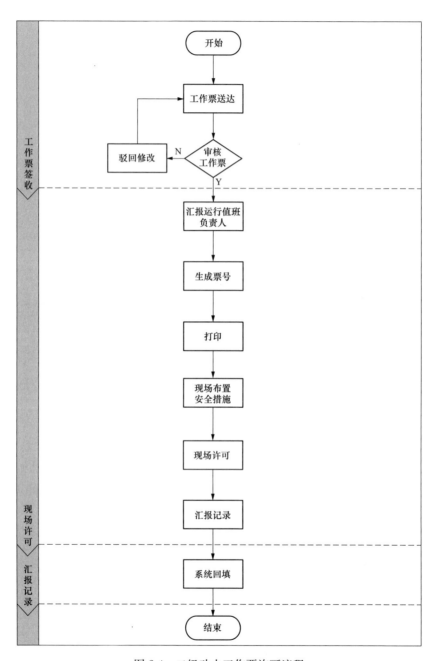

图 2-4　二级动火工作票许可流程

六、工作负责人变更流程

【流程说明】

（1）非特殊情况不得变更工作负责人，工作负责人因特殊原因确需变更时，允许其变更一次。

（2）工作负责人变更前应征得原工作票签发人同意。

（3）原工作票签发人通知工作许可人变更工作负责人，工作许可人应汇报运行值班负责人同意。

（4）工作许可人在变更工作负责人处签名。

（5）原、现工作负责人对工作任务和安全措施进行交接。

【流程图】

工作负责人变更流程如图 2-5 所示。

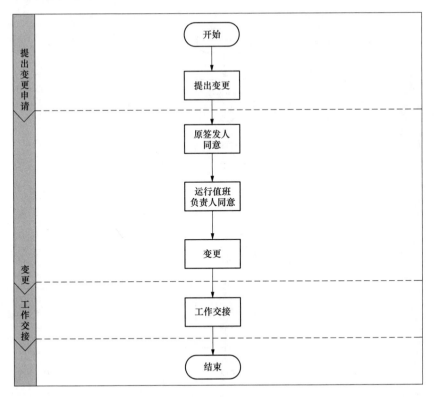

图 2-5　工作负责人变更流程

七、工作票押回流程

【流程说明】

（1）工作负责人由于工作安全措施互相有冲突或另有工作需要应在工期尚未结束以前向工作许可人提出工作票押回。

（2）工作许可人汇报运行值班负责人同意。

（3）办理工作票押回。

（4）在运行管理系统做好记录。

（5）押回时间结束，重新许可工作开始。

【流程图】

工作票押回流程如图 2-6 所示。

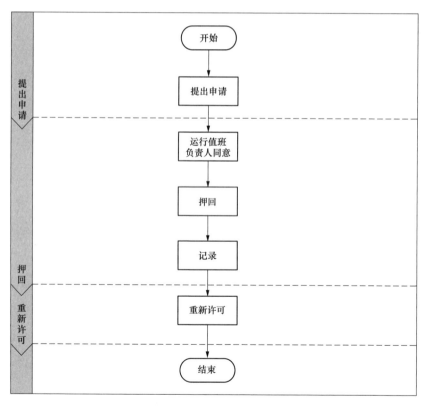

图 2-6　工作票押回流程

八、工作票延期流程

【流程说明】

（1）工作负责人应在工期尚未结束以前向运行值班负责人提出申请，第一、二种工作票只能延期一次。

（2）运行值班负责人同意延期则通知工作许可人给予办理，不同意则按流程终结工作票。若属调度管辖的设备需经调度同意。

（3）工作许可人对工作票延期给予办理，工作许可人与工作负责人在工作票上填写时间并签名。

（4）运行值班员在运行管理系统上进行回填。回填内容包括（手工票省略此流程）：

1）工作负责人和工作许可人姓名。

2）工作票延期时间。

3）保存延期流程。

（5）运行值班负责人在运行管理系统上对延期的工作票做好记录。

【流程图】

工作票延期流程如图 2-7 所示。

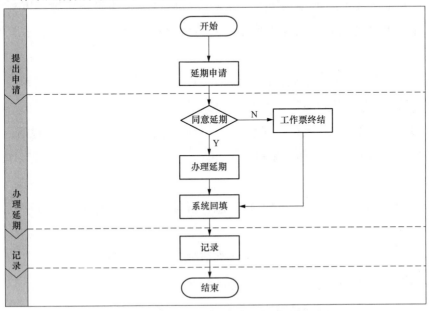

图 2-7 工作票延期流程

九、第一种工作票终结流程

【流程说明】

（1）全部工作完毕后，工作班组应清扫、整理现场。工作负责人应先仔细地检查，将全体作业人员撤离工作地点。

（2）工作负责人向工作许可人交待所检修项目、发现的问题、试验结果和存在的问题。

（3）工作负责人与工作许可人共同检查设备状况、状态，有无遗留物件，是否清洁等。

（4）工作负责人与工作许可人根据状态交接单逐项进行设备状态交接。

（5）工作负责人在工作票上正确填明工作结束时间和工作交待。工作负责人与工作许可人双方签名后，表示工作终结。

（6）工作许可人将工作票上的临时遮拦拆除，标示牌取下，恢复常设遮拦，恢复工作票上打"＊"号许可时执行的安全措施。若打"＊"号安全措施 3 步及以上，需要填写操作票进行恢复。

（7）工作许可人填写工作票中接地线与接地开关的状态信息，填写工作票结束时间并签名，最后在工作票规定位置上盖"已终结"章，表示工作票终结。

（8）工作许可人汇报运行值班负责人工作已终结以及工作票中接地线与接地开关状态信息，运行值班负责人对检修交待进行确认。

（9）工作许可人在运行管理系统上进行回填或者登记。回填内容包括：

1）填写工作终结时间，填写工作负责人与工作许可人姓名，执行工作终结流程。

2）填写接地线、接地开关状态信息，填写工作许可人姓名及时间。

3）执行工作票终结流程。

（10）手工票登记内容包括：工作终结时间、收票人姓名。

【流程图】

第一种工作票终结流程如图 2-8 所示。

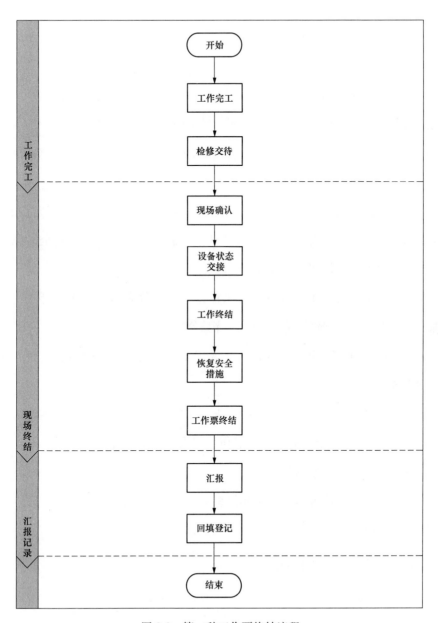

图 2-8　第一种工作票终结流程

十、第二种工作票终结流程

【流程说明】

（1）全部工作完毕后，工作班应清扫、整理现场。工作负责人应先周密地检查，将全体作业人员撤离工作地点。

（2）工作负责人向工作许可人交待所检修项目、发现的问题、试验结果和存在的问题，并在工作票上正确填写工作结束时间和"工作交待"。

（3）工作负责人与工作许可人共同检查设备状况、状态，有无遗留物件，是否清洁等。

（4）工作许可人将工作票上的临时遮拦拆除，标示牌取下，恢复常设遮拦，恢复工作票上打"＊"号许可时执行的安全措施。若打"＊"号安全措施 3 步及以上，需要填写操作票进行恢复。

（5）工作负责人与工作许可人在工作票上双方签名后，工作许可人在工作票规定位置上盖"已终结"章，表示工作票终结。

（6）工作许可人汇报运行值班负责人工作票已终结，运行值班负责人在运行管理系统上对检修交待进行确认。

（7）工作许可人在运行管理系统上进行回填或者登记。回填内容包括：

1）填写工作票终结时间，填写工作负责人与工作许可人姓名。

2）执行工作票终结流程。

（8）手工票登记内容包括：工作终结时间、收票人姓名。

【流程图】

第二种工作票终结流程如图 2-9 所示。

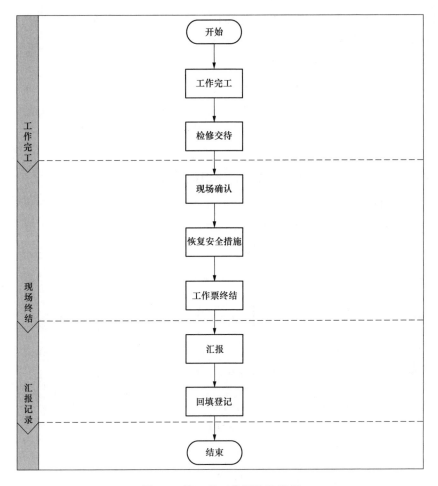

图 2-9 第二种工作票终结流程

十一、水力机械工作票终结流程

【流程说明】

（1）全部工作完毕后，工作班应清扫、整理现场。工作负责人应先周密地检查，将全体作业人员撤离工作地点。

（2）工作负责人现场向工作许可人交待所修项目、发现的问题、试验结果和存在问题，工作负责人工作票上正确填写工作结束时间和工作交待。

（3）工作负责人与工作许可人共同检查设备状况、状态，有无遗留物件，是否清洁等。

（4）工作许可人恢复工作票上打"＊"号许可时执行的安全措施，取下标

45

示牌。若打"＊"号安全措施 3 步及以上，需要填写操作票进行恢复。

（5）工作负责人与工作许可人双方签名，工作许可人在工作票规定位置上盖"已终结"章，表示工作票终结。

（6）工作许可人汇报运行值班负责人工作已终结。

（7）工作许可人在运行管理系统上进行回填或者登记。回填内容包括：

1）填写工作票终结时间，填写工作负责人与工作许可人姓名。

2）执行工作票终结流程。

（8）手工票登记内容包括：工作终结时间、收票人姓名。

【流程图】

水力机械工作票终结流程如图 2-10 所示。

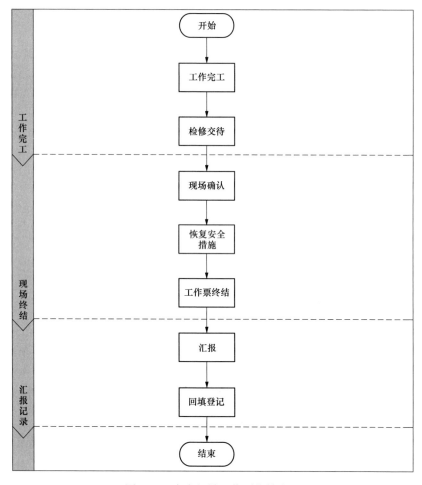

图 2-10　水力机械工作票终结流程

十二、二级动火工作票终结流程

【流程说明】

（1）全部工作完毕后，工作班应清扫、整理现场。工作负责人应先周密地检查，将全体作业人员撤离工作地点。

（2）工作负责人向工作许可人交待动火工作情况。

（3）工作负责人与工作许可人共同检查设备状况、状态，有无残留火种遗留物件，是否清洁等。

（4）工作许可人恢复运行部门所采取的安全措施。

（5）工作负责人在工作票上填写动火票终结时间。工作许可人与动火工作负责人、动火执行人、消防监护人签名后，在工作票规定位置上盖"已终结"章，表示动火工作票终结。

（6）工作许可人汇报运行值班负责人动火工作已终结。

（7）工作许可人在运行管理系统上进行回填或者登记。回填内容包括：

1）填写动火票终结时间，填写动火执行人、消防监护人、动火工作负责人与工作许可人姓名。

2）执行动火工作票终结流程。

（8）手工票登记内容包括：工作终结时间、收票人姓名。

【流程图】

二级动火工作票终结流程如图 2-11 所示。

【提问测试】

（1）水电厂工作票的主要类别有哪几种？

（2）工作负责人的变更需履行哪些手续？

47

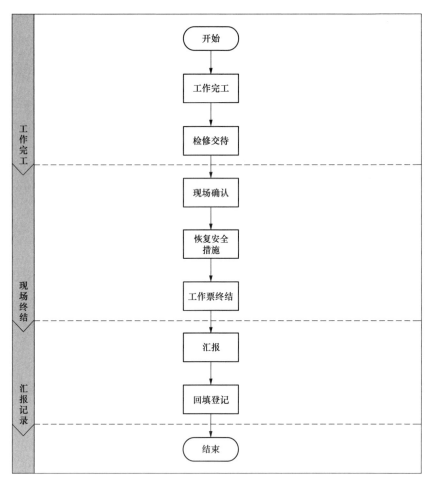

图 2-11　二级动火工作票终结流程

第二节　操作票管理流程

操作票制度是保证运行操作正确可靠、防止误操作事故发生和保障人身、电网、设备安全的有力手段，运行人员必须严格按照操作票管理制度执行。

一、操作票管理要求

（1）操作票的拟定、执行及监护、完结应严格执行电力安全工作规程中的相关规定和本单位操作票、工作票管理中的相关内容。

（2）操作票执行要实行三级审核制，即操作人、监护人审核，运行值班负责人审核，最后由发令人发令执行。

（3）拟票人、操作人、监护人由经考试合格并书面公布的独立当班人员担任，发令人、受令人应取得值长任职资格，并各负各自的职责。

（4）操作票一般由操作人拟定，拟票时可调用标准操作票，但必须根据实际情况进行适当修改、增补来拟定，并经逐级审核、批准签字后方可执行。拟定操作票时应进行"三考虑、五对照"。即：考虑系统改变后是否安全、经济、可靠；考虑一次系统改变时对二次设备、保护和自动装置的影响；考虑操作中可能出现的问题。对照现场实际、对照模拟图、对照规程、对照图纸、对照操作顺序。

（5）每张操作票只能填写一个操作任务。

（6）对各级调度发布的操作命令均应遵守发令、复诵、录音、记录、汇报制度，使用统一的调度术语和操作术语，并讲普通话。电话发令和汇报，必须先互通站名、姓名。

（7）运行值班负责人布置操作任务时，应使操作人、监护人明确操作目的，操作任务清楚，并指明操作注意事项；操作时应执行操作监护及复诵制，执行唱票、复诵、打手势的规定。

（8）操作过程中，操作人和监护人无权更改操作票项目及操作顺序，操作中发生疑问时，不得随意更改，不得擅自解除闭锁装置，应立即停止操作，汇报运行值班负责人或发令人，经核对检查无误后方可继续操作。对强制解锁的操作，应按强制解锁的流程执行。

（9）操作中，因设备原因引起某项操作内容无法操作时，在不引起操作任务发生根本性变化和不影响余下操作内容的操作、并经运行值班负责人同意后，可盖"不执行"章；若引起操作任务发生根本性变化或引起余下操作内容无法继续操作时，应停止操作，并逐级汇报，待处理正常后再继续操作。此时，应在操作票备注栏内注明情况，交代清楚。

（10）监护人应严格监护操作人的每一动作，发现动作有问题立刻制止予以纠正，操作完一项，监护人和操作人共同检查操作质量。

（11）全部操作完毕，操作人、监护人应对所操作的设备进行全面检查以防遗漏，无误后向运行值班负责人汇报，并在操作票上盖"已执行"章。

（12）操作结束后，操作人、监护人还应整理好操作票，记录技术台账；操作工具、接地线、遮栏、标示牌等收回放在指定地点。

（13）以下操作无需填写操作票，但应做好记录，事故紧急处理应保存原始记录：

1）事故紧急处理。

2）拉、合断路器（开关）的单一操作。

3）机组的开停机及工况转换操作。

4）程序操作。

（14）下列情况可以实行单人操作：

1）机组的开停机、工况转换及有无功调节操作。

2）在异常、事故等紧急情况下，为避免事态扩大所采取的紧急处理。

3）能通过工业电视系统、监控系统（二元确认法）实现远方监护、确认操作人不跑错间隔且无需填写操作票的操作。

二、倒闸操作八步流程

【流程说明】

（1）运行值班负责人接受调度预令，布置拟票人填写操作票。

（2）监护人和运行值班负责人审核操作票正确。

（3）操作人和监护人操作前应明确操作目的，做好危险点分析和预控。

（4）运行值班负责人接受调度正令，操作人和监护人模拟预演。

（5）操作时操作人和监护人认真仔细核对设备命名和状态。

（6）监护人逐项唱票，操作人复诵，正确后操作人执行操作，操作完成后监护人勾票。

（7）操作完成向调度汇报操作结束及时间。

（8）操作人和监护人操作完成汇报后改正图板、签销操作票，进行复查评价。

【流程图】

倒闸操作八步流程如图 2-12 所示。

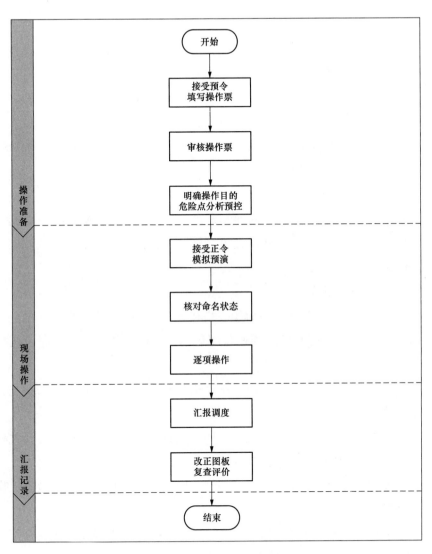

图 2-12 倒闸操作八步流程

三、防误装置解锁流程

⚙ 【防误装置解锁规定】

（1）防误装置在正常情况下严禁解锁或退出运行，如需将防误装置整体停用，应经本单位分管生产的副总工程师或总工程师批准。

（2）不允许解锁工具（钥匙）外借，任何人不准随意解锁防误装置，任何解锁必须由两人进行，监护人必须由正值及以上岗位人员担任。

（3）解锁工具（钥匙）应批准一次使用一次，使用后应立即将解锁工具（钥匙）封存，做好解锁记录。

（4）操作过程中防误装置发生异常，应立即停止操作，及时报告值班负责人，在确认操作无误后，第一时间通知运维（检修）人员消缺，确一时无法消缺的，才允许申请解锁，解锁操作必须严格按照解锁工具（钥匙）的使用、审批规定执行。

（5）防误装置解锁类型：

1）第一类，操作中装置故障解锁。指在正常操作过程中，操作正确但防误闭锁装置（系统）故障进行的解锁操作（包括使用微机防误的人工置位授权密码）。

2）第二类，操作中非装置故障解锁。指在非正常运行状态下或采用非正常操作顺序（程序）。

3）第三类，运行维护解锁。指防误闭锁装置、钥匙箱、机构箱、开关柜等检查、维护需要，但不进行实际操作的解锁。

4）第四类，配合检修解锁。指在检修、验收工作过程中，配合检修工作需要进行的解锁。

5）第五类，紧急（事故）解锁。指遇有危及人身、电网和设备安全等紧急情况需要进行的解锁。

（6）事故处理时，如遇防误装置发生故障，应按防误解锁第五类规定执行，事后尽快通知检修人员修复和恢复闭锁。

（7）对擅自退出防误装置，造成误操作事故者，追究其责任。

📋 【流程说明】

（1）运行值班员根据现场情况，初步判断并提出解锁要求。

（2）若是正常操作过程中，操作正确但防误闭锁装置（系统）故障进行的解锁操作（第一类解锁），由运行值班负责人到现场确认无误、解锁对象正确，运行值班负责人再向防误装置专职负责人汇报，待防误装置专职负责人一起到现场再次核实无误，确认需要解锁操作，经领导批准，方可解锁操作。

（3）若是在非正常运行状态下或采用非正常操作顺序（程序），且防误闭锁装置（系统）无故障进行的解锁操作（第二类解锁），由运行值班负责人到现场确认无误、解锁对象正确，运行值班负责人再向防误装置专职负责人汇报，待防误装置专职负责人一起到现场再次核实无误，确认需要解锁操作，经领导批准，方可解锁操作。

（4）若是防误闭锁装置、钥匙箱、机构箱、开关柜等检查、维护需要，但不进行实际操作的解锁操作（第三类解锁），由值班员现场确认无误后，做好相应的安全措施，由运行值班负责人向防误装置专职负责人汇报，待防误装置专职负责人现场批准后，在运行值班负责人的监护下进行解锁操作。

（5）若是电气设备在检修、验收工作过程中，配合检修工作需要进行的解锁（第四类解锁），由检修工作负责人提出，值班员现场确认无误后，由运行值班负责人向防误装置专职负责人汇报，待防误装置专职负责人现场批准后，在运行值班负责人的监护下进行解锁操作。

（6）若遇危及人身、电网和设备安全等紧急情况需要解锁操作（第五类解锁），可由运行值班负责人下令紧急使用防误装置解锁钥匙。

（7）值班员得到防误装置解锁操作批准令后从防误装置解锁钥匙管理装置中取出解锁钥匙。

（8）值班员核对解锁设备正确，并经监护人确认无误。

（9）值班员操作解锁设备。

（10）解锁完毕后，值班员恢复解锁设备的"防误"功能。

（11）值班员将解锁钥匙放回至防误装置解锁钥匙管理装置。

（12）值班员可靠封存防误装置解锁钥匙管理装置。

（13）值班员向运行值班负责人汇报、记录解锁过程。

【流程图】

防误装置解锁流程如图 2-13 所示。

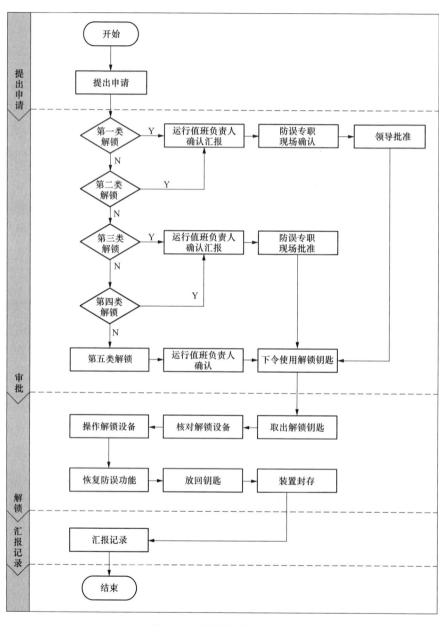

图 2-13　防误装置解锁流程

四、声光验电器检查流程

【声光验电器检查要求】

（1）声光验电器应定期（一般每月）检查其是否合格，并及时记录检查情况。

（2）每次使用前应再次检查声光验电器合格方可到现场进行使用，并在带电设备上进行验证。

（3）检查不合格的声光验电器及时进行报废，并更换新的合格的声光验电器。

【流程说明】

（1）检查验电器的额定电压或额定电压范围、额定频率（或频率范围）、生产厂名和商标、出厂编号、生产年份、适用气候类型（D、C 和 G）、检验日期及带电作业用（双三角）符号等标识清晰完整。

（2）检查验电器的各部件，包括手柄、护手环、绝缘元件、限度标记（在绝缘杆上标注的一种醒目标识，向使用者指明应防止标识以下部分插入带电设备中或接触带电体）和接触电极、指示器和绝缘杆等均应无明显损伤。

（3）检查绝缘杆应清洁、光滑，绝缘部分应无气泡、皱纹、裂纹、划痕、硬伤、绝缘层脱落、严重的机械或电灼伤痕。伸缩型绝缘杆各节配合合理，拉伸后不应自动回缩。

（4）检查指示器应密封完好，表面应光滑、平整。

（5）检查手柄与绝缘杆、绝缘杆与指示器的连接应紧密牢固。

（6）验电器自检三次，指示器均应有视觉和听觉信号出现。

（7）根据检查结果判定验电器是否合格。

（8）若不合格，将此验电器更换处理。

（9）将检查结果填写在检查记录表上。

【流程图】

声光验电器检查流程如图 2-14 所示。

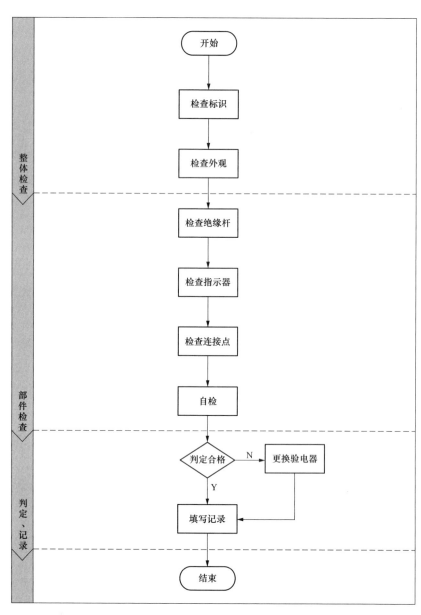

图 2-14 声光验电器检查流程

五、携带型短路接地线检查流程

【携带型短路接地线检查要求】

（1）携带型短路接地线应定期（一般每月）检查其是否合格，并及时记录检查情况。

（2）每次使用前应再次检查携带型短路接地线合格方可到现场进行使用。

（3）检查不合格的携带型短路接地线及时进行报废，并更换新的合格的携带型短路接地线。

【流程说明】

（1）检查接地线的厂家名称或商标、产品的型号或类别、接地线横截面积（mm^2）、生产年份及带电作业用（双三角）符号等标识清晰完整。

（2）检查接地线的多股软铜线截面积不得小于 $25mm^2$。

（3）检查接地操作杆应光滑，绝缘部分应无气泡、皱纹、裂纹、绝缘层脱落、严重的机械或电灼伤痕，玻璃纤维布与树脂间黏接完好不得开胶。

（4）检查线夹完整、无损坏，与操作杆连接牢固，有防止松动、滑动和转动的措施。应操作方便，安装后应有自锁功能。线夹与电力设备及接地体的接触面无毛刺，紧固力应不致损坏设备导线或固定接地点。

（5）根据检查结果判断接地线是否合格。

（6）若接地线不合格则申请更换新的合格接地电线。

（7）将检查结果填写在检查记录表上。

【流程图】

携带型接地线检查流程如图 2-15 所示。

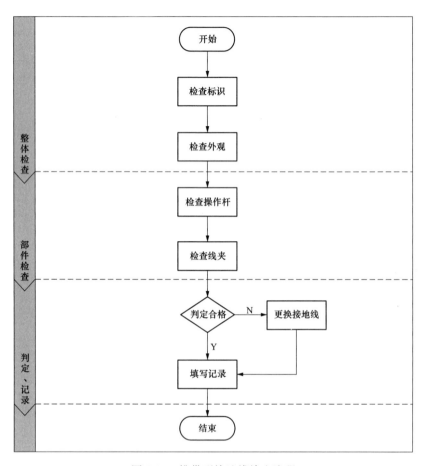

图 2-15　携带型接地线检查流程

六、绝缘电阻表使用流程（手摇式摇表）

【绝缘电阻表使用要求】

（1）使用前根据被测设备选择相应电压等级且合格完好的绝缘电阻表，验明被测设备三相无电，必要时进行放电。

（2）使用绝缘电阻表测量高压设备绝缘，应由两人进行。

（3）测量时绝缘电阻表要置于水平位置，摇动手柄时，应由慢渐快，均匀加速到大约 120r/min。

（4）使用结束后对被测设备进行放电。

【流程说明】

（1）操作人判断被测对象电压等级。

（2）操作人根据被测设备电压等级选择对应型号的摇表。

（3）操作人测量前应检查绝缘电阻表有无相关部门校准测试合格证，测量前应检查摇表完好，指针式绝缘电阻表未接上被测物之前，摇动手柄发电机达额定转速，观察指针是否在"∞"位置，然后再将"线"和"地"两接线柱短接，缓慢摇动手柄，观察指针是否在"0"位。指针不到"∞"或"0"位置，表明摇表有故障，更换同型号摇表。

（4）操作人测量前应确认被测设备各侧来电均已切断，确认设备上无人工作，测量过程中禁止他人接近被测设备。

（5）测量时用相应电压等级验电器验明被测设备三相无电。

（6）操作人测量前先对被测设备进行放电。

（7）先将 E 端接至地端，再将 L 端接至被测设备。

（8）由慢渐快摇动绝缘电阻表，均匀加速到 120r/min，分别记录 15s 和 60s 时摇表指针读数。

（9）测量结束后，对被测设备进行放电。将 L、E 线依次拆除。

（10）操作人将被测数据记录在运行管理系统上，并将分析结果汇报运行值班负责人。

【流程图】

绝缘电阻表使用流程如图 2-16 所示。

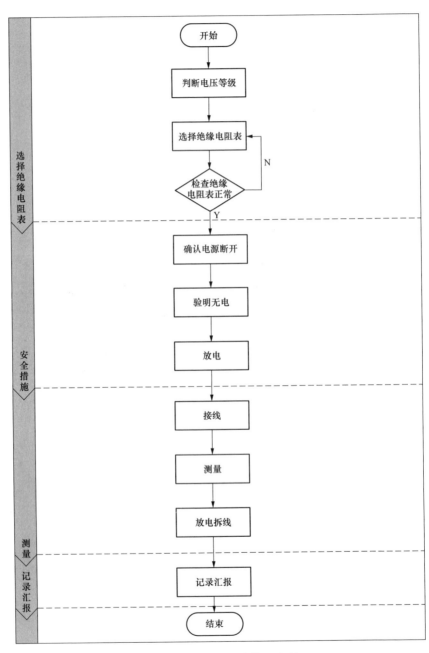

图 2-16　绝缘电阻表使用流程

【提问测试】

（1）操作票执行要实行＿＿级审核制，即＿＿＿＿、＿＿＿＿、＿＿＿＿审核，最后由＿＿＿＿发令执行。

（2）防误装置在正常情况下严禁＿＿＿＿，如需将防误装置整体停用，应经本单位＿＿＿＿批准。

第三节　水电厂交接班制度工作流程

水电厂交接班是指水电厂运行人员进行交班和接班的过程，是保证水电厂连续安全生产的重要环节，也是水电厂运行人员日常工作中比较容易忽视的一个环节，交接不清将不利于安全生产。

×月×日，某水电厂运行人员接班后在操作提工作门时发生廊道满水事件。事后分析主要原因就是在交接班过程中没有交代清楚机组工作门和检修门的状态。由此可见交接班的重要性，而交接班中的"五交代""六清楚"是其核心。

一、水电厂交接班制度要求

【"五交代"】

（1）交代运行方式，设备启停、切换、试验及注意事项。

（2）交代设备检修情况及所做好的安全措施。

（3）交代设备运行状况、缺陷以及为预防事故所做的措施。

（4）交代调度、上级指示、命令、布置的任务以及落实、完成的情况。

（5）交代危险点、薄弱环节及需注意的安全事项。

【"六清楚"】

（1）全厂机组等主要设备运行方式清楚。

（2）设备运行状况、存在的缺陷及防范措施清楚。

（3）现场所做的安全措施清楚。

（4）电力调度、上级领导、部门的指示、命令、布置的任务清楚。

（5）本班将要进行的工作及危险点、安全注意事项清楚。

（6）有疑问的情况要向交班人员询问清楚，必要时应到现场了解清楚。

【交接班双方职责】

（1）交接班内容以值班记录为准，其记录要求详细，准确无误（口头交代仅作为补充及解释，不能作为正式依据)。

(2) 交接班时发生设备故障时，应立即停止交接班，由交班方负责故障处理，接班方人员应积极配合处理，若双方已准备签名，则由接班方处理，交班方配合。

(3) 由于交待错误或未作交待而发生的不安全情况，安全责任由交班人员负责。

(4) 由于交待不清楚且接班方未详细询问而发生的不安全事件，安全责任由接班方负主要责任。

(5) 交接班中，双方发生不同意见时，应向上级领导报告，由上级领导协调后进行交接班。

(6) 正常情况下，交接班工作必须在交接班正点前进行。接班运行值班负责人在记录簿上签名后，视为交接班结束。在接班人员未接班前，交班人员不得离开工作岗位。

🔒 【注意事项】

下列情况之一者，不得进行交接班：

(1) 接班运行值班负责人未到或接班人员未达到定员数。

(2) 事故处理 (不包括事故的善后处理工作) 未告一段落。

(3) 设备的试验、操作未告一段落。

(4) 记录不清楚或设备运行方式的状态交待不清楚。

(5) 现场卫生未打扫，公用器具、仪表、钥匙等交待不清楚或未整理。

二、交接班流程

📋 【流程说明】

(1) 由交班运行值班负责人布置交班前的准备工作任务。

(2) 交班值班员核对模拟图板和设备运行状态，检查两票登记，检查办公室以及中控室卫生情况，整理安全工器具、钥匙以及标示牌，交班运行值班负责人进行工作小结，整理交班记录。

(3) 接班运行值班负责人询问是否能够接班。

(4) 若能接班，则由交班运行值班负责人在模拟图板前进行口头交接。

(5) 交班组值班员对口头交班内容进行补充。

(6) 接班组如有异议应向交班组询问清楚。

(7) 交班组对接班组提出的异议进行详细解答。

（8）接班运行值班负责人布置接班检查工作。

（9）交班组值班员陪同接班组值班员检查厂房内以及升压站设备运行情况，检查两票登记以及办公室、中控室卫生情况，检查开关站以及坝顶设备运行情况，检查安全工器具、钥匙和标示牌，接班组运行值班负责人检查监控后台及各项记录。

（10）接班组运行值班负责人将值班记录本递给接班人员依次签名。

（11）正式交接班完毕，交班人员下班。

【流程图】

交接班流程如图 2-17 所示。

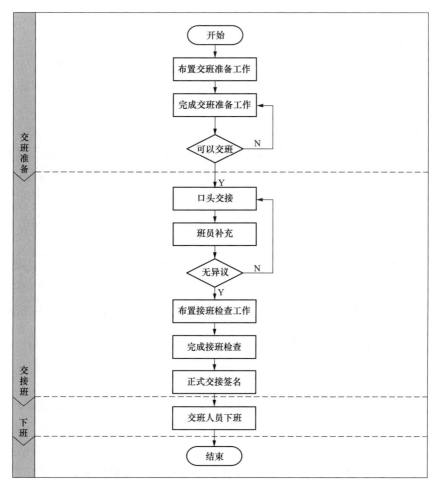

图 2-17　交接班流程

【提问测试】

（1）简述交接班制度中的"五交代""六清楚"。

（2）简述交接班过程中的注意事项。

第四节　巡回检查制度工作流程

水电厂为保证发、供电设备的安全经济运行，值班人员必须按规定时间、内容及线路对设备进行巡回检查，以便随时掌握设备运行情况，及时发现设备缺陷，避免和减少事故，实现安全生产。值班人员应严格执行巡回检查制度并作好巡回检查记录，发现异常情况应及时汇报和处理。

一、巡回检查制度要求

（1）水电厂的常规巡检工作应由运行独立当班的值班员完成。

（2）水电厂的巡检主要类别有日巡、周巡、月巡、熄灯巡检、机动性巡检、机器人巡检等。

（3）值班员巡检设备，应先告诉运行值班负责人，戴好安全帽，随身携带巡检工具、手电筒及必要的安全用具。检查时应严肃、认真，做到"三定"，即：定时间、定路线、定设备；"六到"，即：足到、心到、眼到、耳到、手到、鼻到。

（4）备用设备应按照运行设备一样进行巡检。

（5）在进行巡回检查时，应严格遵守《国家电网公司电力安全工作规程》的有关规定，保持安全距离，不得移开或越过遮栏或随意取下标示牌等。

（6）巡检时发现设备缺陷（包括三漏），应及时汇报运行值班负责人做好记录，并及时填写设备缺陷单通知相关人员。若发现设备有故障，且严重威胁人身或设备安全时，可以依照运行规程规定先处理，后汇报，并详细记录当时情况。

二、日常巡回检查流程

【日常巡回检查要求】

（1）每日对主厂房设备例行巡视两次；每周对开关站、升压站设备例行巡视两次；每月对开关站设备进行熄灯例行巡视一次；每月对全厂设备开展一次全面巡视工作。

（2）认真仔细对设备的运行情况进行检查记录，及时发现设备运行中出现的异常情况和存在的缺陷，使之能得到及时处理，以保证安全运行。

（3）有特殊情况时，应增加机动性检查。特殊情况指新投产和检修后的设备、设备有重大缺陷、事故处理后或受其影响过的设备，受自然条件变化（洪水、台风、暴雨、大雪、低气温、大雾等）影响的设备等。

【流程说明】

（1）值班员巡检前应戴好安全帽、穿上绝缘鞋（雨天户外巡检应穿绝缘靴、雨衣），带上应急灯、巡检钥匙、签字笔、巡检钥匙，以及相关数据记录表。

（2）值班员巡检前应做好危险点分析、并对应做好相关预控措施。

（3）值班员开始巡检前，值班员应报告运行值班负责人，运行值班负责人做巡检前交代。

（4）值班员按照本单位"两票三制"中规定的巡检路线或巡检作业指导书进行巡检。

（5）值班员巡检完毕后应将所巡数据做好记录，分析数据是否正常，对发现的缺陷及异常情况进行填报，并将巡检情况汇报运行值班负责人。

【流程图】

日常巡回检查流程如图 2-18 所示。

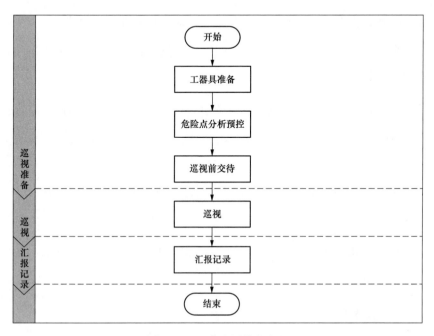

图 2-18　日常巡回检查流程

三、夜间熄灯检查流程

【夜间熄灯检查要求】

（1）水电厂熄灯检查主要目的是检查母线（导线及电缆）是否有电晕放电火花，导电部件连接处是否发热烧红等，主要针对开关站出线场设备。

（2）水电厂开关站出线场设备每月应进行一次熄灯检查，大发电期间可临时增加检查次数。

（3）熄灯检查时带好照明器具，注意防止摔倒、磕碰等。

（4）熄灯检查后对检查情况进行记录，发现异常及时汇报运行值班负责人，并通知检修处理。

【流程说明】

（1）值班员巡检前应戴好安全帽、穿上绝缘鞋（雨天户外巡检应穿绝缘靴、雨衣），带上应急灯、巡检钥匙、签字笔、巡检钥匙等。

（2）值班员巡检前应做好危险点分析，并对应做好相关预控措施。

（3）值班员开始巡检前，值班员应报告运行值班负责人，运行值班负责人做巡检前交代。

（4）对开关站出线场设备夜间熄灯检查，检查高压断路器（开关）、隔离开关、母线、电流互感器、电压互感器和支持绝缘子有无电晕、放电接头有无过热现象等。

（5）若开关站出线场一次设备正常，将巡检情况汇报运行值班负责人并做好记录。

（6）若开关站出线场一次设备有异常，则立即通知检修，汇报运行值班负责人并做好记录。

【流程图】

夜间熄灯检查流程如图 2-19 所示。

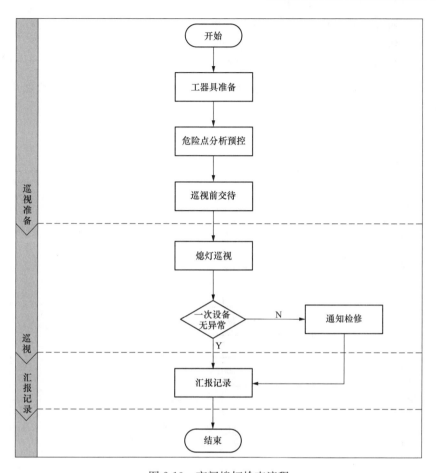

图 2-19　夜间熄灯检查流程

四、机器人巡检流程

【机器人巡检要求】

（1）机器人巡检目前应用场景主要是针对开关站出线场设备。

（2）每天定时间、定线路开展例行巡视，早上一次设备高清巡视，晚上一次设备红外测温。

（3）值班员每天对机器人巡视结果进行检查、分析，发现设备有异常情况汇报运行值班负责人，并到现场确认，确认无误填缺陷单，通知检修处理。

（4）针对设备运行状态和天气情况等可下达执行专项巡检和特殊巡检任务。

【流程说明】

（1）巡检机器人标准化后台监控系统设置巡检任务，可根据实际工作需要，分别设定：例行巡检、专项巡检、特殊巡检等巡检任务。

（2）机器人根据设定的巡检任务开展设备巡视。

（3）机器人巡检任务完成，机器人回充电房充电。

（4）值班员机器人标准化后台监控系统对巡检结果检查、分析，发现设备有异常情况及时汇报运行值班负责人，并到现场确认，确认无误填缺陷单，通知检修处理。

（5）做好记录。

【流程图】

机器人巡检流程如图 2-20 所示。

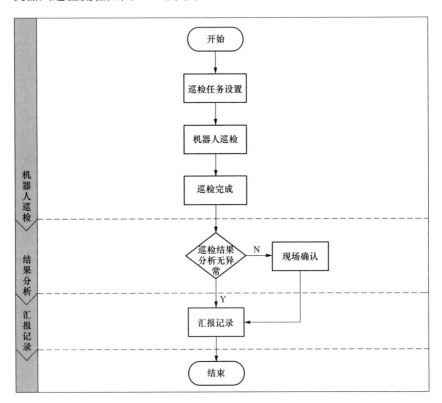

图 2-20　机器人巡检流程

五、后台数据巡检流程

【后台数据巡检要求】

（1）每周结合设备周巡对设备重要数据通过后台数据中心开展巡检、分析。

（2）通过后台数据中心分析各测点趋势变化曲线（见图 2-21 所示测点曲线图），发现设备有异常汇报运行值班负责人，并到现场确认，确认无误填缺陷单,通知检修处理。

📋【流程说明】

(1)值班员登录后台数据中心。

(2)测点曲线检索,检索时间区间可根据需要自行设置。

(3)分析测点曲线变化趋势。

(4)通过分析测点曲线变化趋势,如发现设备有异常情况汇报运行值班负责人,并到现场确认,确认无误填缺陷单,通知检修处理。

(5)做好记录。

⚙【测点曲线图】

测点曲线如图 2-21 所示。

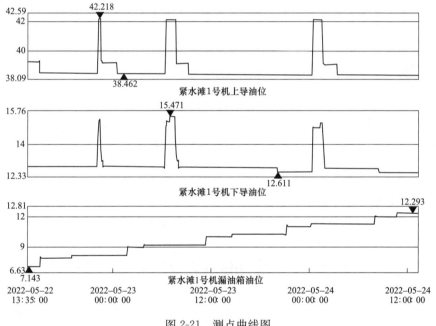

图 2-21 测点曲线图

📱【流程图】

后台数据巡检流程如图 2-22 所示。

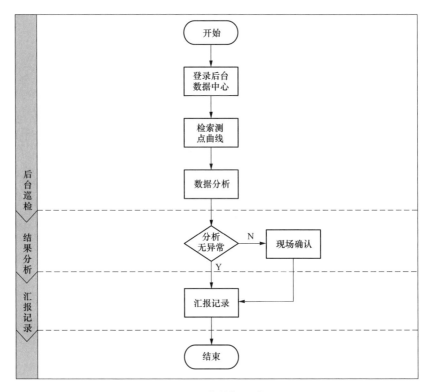

图 2-22　后台数据巡检流程

【提问测试】

（1）简述设备巡检的"三定""六到"。

（2）备用设备可以不进行巡检，这种说法正确吗？

第五节　设备定期试验轮换制度工作流程

为保证设备处于最佳运行工况，保证设备安全、稳定运行，掌握设备的运行状态，水电厂需对重要的主辅设备进行定期试验和轮换。水电厂根据设备的运行方式、运行环境、运行要求及不同季节制订定期试验轮换周期，可按日、月、季、年进行设置定期试验轮换周期。

一、设备定期试验轮换制度要求

（1）设备定期切换试验由独立当班的值班员完成。

（2）重要的或者较为复杂定期工作应由 2 人进行，一般可由 1 人独立完成并做好记录。

（3）设备定期试验轮换原则上应按时完成，但设备定期试验轮换项目不具备条件时，可待条件满足后补做，并在记录上说明原因。

（4）水电厂根据电厂的实际情况制订设备定期试验轮换的内容和周期。

（5）设备定期切换试验中发现的问题应及时通知设备主人，并做好详细记录和填写设备缺陷单。对设备定期切换试验中可能出现的异常情况应事先做好事故预想和危险点分析。

二、厂用电源切换流程

【厂用电源切换要求】

（1）厂用电源自源动切换试验周期可每月一次或者每季度一次。

（2）厂用电源自动切换试验由 2 人进行，1 人操作，1 人监护，一般在负荷较小时进行。

（3）每次厂用电源自动切换动作后，需等待备用电源自动投入装置充电灯亮后，再进行下一步操作。

（4）厂用电源自动切换试验结束后应检查有关动力负荷运行正常。

（5）切换过程中发现异常情况应及时汇报运行值班负责人，通知检修处理，并做好记录。

【流程说明】

（1）向运行值班负责人申请：厂用电源自动切换试验。

（2）厂用电源自动切换装置屏检查：

1）检查厂用电源自动切换装置运行灯亮，备用电源自动投入装置充电灯亮，无异常信号。

2）检查厂用电源运行结线方式符合厂用电源切换运行方式，厂用电运行正常，自动切换投入连接片在"投入"位置。

3）检查厂用变压器及高压侧断路器投/退运行方式选择开关与实际相符，相应状态指示灯亮。

4）厂用 400 Ⅰ（Ⅱ）段母线断路器投/退运行方式选择开关与实际相符，相应状态指示灯亮。

5）各厂用变压器低压侧断路器操作把手在"远方"位置，相应状态指示灯亮。

（3）厂用电源自动切换装置屏检查正常，则执行下一步切换试验。

（4）厂用电源自动切换装置屏检查若有异常，应停止切换试验，及时汇报运行值班负责人，并通知检修处理，处理正常后方可重新试验。

（5）登录监控系统，调出水电站厂用电接线图（以下图为例）。

（6）拉开 1 号厂用变压器高压侧断路器 11BQF，监视 1ZKK 跳闸、2ZKK 合闸切换正确，检查厂用源 I 段母线电压正常。

（7）合上 1 号厂用变压器高压侧断路器 11BQF，监视 2ZKK 跳闸、1ZKK 合闸切换正确，检查厂用电 I 段母线电压正常。

（8）拉开 2 号厂用变压器高压侧断路器 12BQF，监视 4ZKK 跳闸、3ZKK 合闸正确，检查厂用电源 II 段母线电压正常。

（9）合上 2 号厂用变压器高压侧断路器 12BQF，监视 3ZKK 跳闸、4ZKK 合闸切换正确，检查厂用电 II 段母线电压正常。

（10）以上（4）~（7）的切换试验过程中发现异常应立即停止切换试验，尽快手动恢复厂用电运行，及时汇报运行值班负责人，并通知检修处理，处理正常后方可重新试验。

（11）切换试验结束：复归厂用电源自动切换装置动作信号。

（12）检查厂用电源有关动力负荷运行正常。

（13）将厂用电源自动切换试验情况及异常处理情况，汇报运行值班负责人。

（14）登录运行管理系统定期工作页面，记录执行情况。

【厂用电接线图】

厂用电接线如图 2-23 所示。

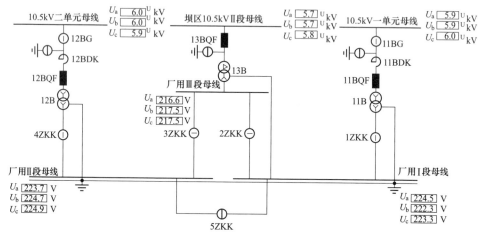

图 2-23　厂用电接线图

【流程图】

厂用电源自动切换试验流程如图 2-24 所示。

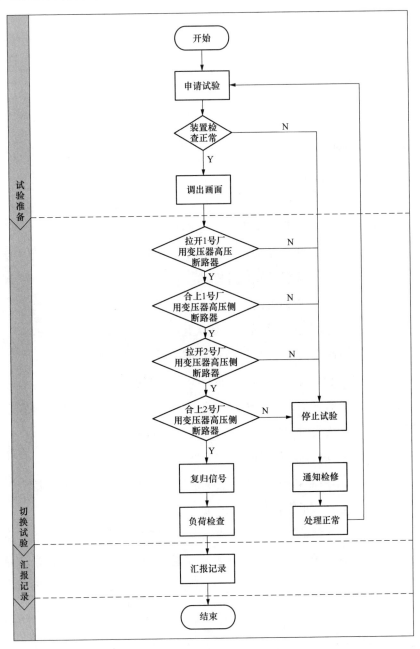

图 2-24 厂用电源自动切换试验流程

三、高频通道测试流程（以 SF-960 收发信机为例）

【高频通道试验要求】

（1）高频通道信号交换试验每天进行一次并做好数据记录。

（2）高频通道测试过程中发现异常应及时汇报运行值班负责人，并通知检修处理，必要时联系调度将纵联保护该信号。

（3）高频通道测试结束后及时复归信号。

【流程说明】

（1）明确通道测试对象：确定 SF-960 收发信机高频通道信号测试。

（2）检查线路微机保护装置运行情况。

（3）保护装置检查正常，则进行下一步通道测试。

（4）保护装置检查若有异常，则停止测试，及时汇报运行值班负责人，通知检修处理，处理正常后方可重新测试。

（5）SF-960 收发信机通道测试。

1）通道交换试验分为三个阶段，依次是：0～5s，6～10s，11～15s。

2）前 5s 仅对侧发信，中间 5s 二侧发信，后 5s 仅本侧发信。

3）通道信号交换试验时，应记录后 5s 发信电压表计指示。

4）按 SF-960 收发信机试验按钮 1FXA，检查发信指示、收信指示闪亮，收信裕度绿灯常亮，无告警信号，动作信号黄灯常亮。

5）记录收信裕度、发信电压。

6）通道测试结束后，按 SF-960 收发信机复归按钮 11FA，复归信号。

（6）高频通道测试正常，则做好记录。

（7）若高频通道测试过程发现有"总告警""3dB 告警""裕度告警"或"过载指示"灯亮，则汇报运行值班负责人，并通知检修处理，处理正常后重新进行测试。

（8）登录运行管理系统定期工作界面，记录执行情况。

【流程图】

高频通道测试流程如图 2-25 所示。

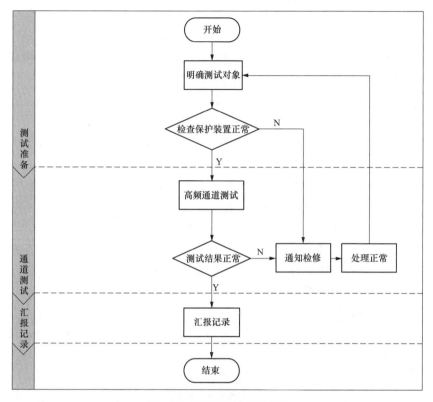

图 2-25 高频通道测试流程

四、发电机差动保护差流测试流程（以 SEL-300G 保护为例）

【发电机差动保护差流测试要求】

（1）发电机差动保护差流每周进行一次测试并做好数据记录。

（2）发电机差动保护差流测试应在机组发电时进行。

（3）发电机差动保护差流正常范围为小于 $0.1I_e$ 时，测试中发现差流不正常，及时汇报运行值班负责人，并通知检修处理。

【流程说明】

（1）明确差流测试对象：SEL-300G 发电机差动保护差流测试。

（2）检查机组处于热备用或检修状态（断路器在"分"）停止测试；如机组处于发电运行状态（断路器在"合"）进行下一步差流测试。

（3）检查 SEL-300G 发电机保护装置。

1）GS-311C 操作箱开关位置显示与机组状态一致，即开关"合闸"指示灯亮。

2）SEL 保护面板指示灯"EN"常亮，BKRCLOSED 灯亮，各保护动作指示灯灭。

（4）保护装置检查正常，则进行下一步差流测试。

（5）保护装置检查若有异常，则停止差动保护差流测试，及时汇报运行值班负责人，通知检修处理，处理正常后方可重新测试。

（6）SEL-300G 发电机差动保护差流测试步骤（在 SEL-300G 保护面板上进行）：

1）按 "METER" 键→IA＝ IB＝ IB＝ IN＝ 界面。

2）按 "OTHER" 键→INST ENERGY DIFF MRX/MIN DEMND 界面。

3）按 "OTHER"，将光标移至 DIFF。

4）按 "EVENTS" 键→IOP1 IOP2 IOP3 界面。

5）查看差流在正常范围（＜0.1I_e）记录。

（7）发电机差动保护差流测值正常，则做好记录。

（8）若发电机差动保护差流测值不正常，侧停止差流测试，及时汇报运行值班负责人，通知检修处理，处理正常后重新进行测试。

（9）登录运行管理系统定期工作界面，记录执行情况。

【流程图】

发电机差动保护差流测试流程如图 2-26 所示。

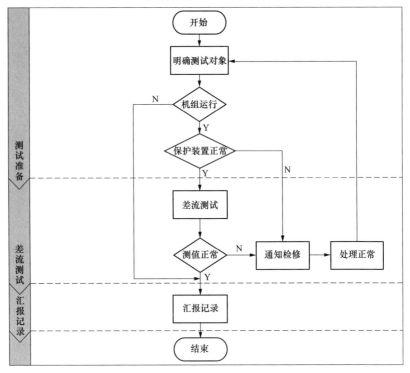

图 2-26 发电机差动保护差流测试流程

五、主变压器差动保护差流测试流程（以 PCS-985TW 型主变压器保护为例）

【主变压器差动保护差流测试要求】

（1）主变压器差动保护差流每周定期进行一次测试并做好数据记录。

（2）主变压器差动回路的电流部件有过投/退，需测试差流正常后再投入差动保护。

（3）主变压器差动保护差流正常范围为小于 $0.1I_e$ 时，测试中发现差流不正常，及时汇报运行值班负责人，并通知检修处理。

【流程说明】

（1）明确差流测试对象：PCS-985TW 主变压器差动保护差流测试。

（2）检查 PCS-985TW 主变压器保护屏。

1）CJX-05 电压切换装置，主变压器联结的对应运行母线指示灯亮。

2）微机 PCS-985TW 保护装置，"运行"指示灯亮，"报警"及"跳闸""TV 断线""TA 断线"指示灯不亮；液晶显示屏：装置时间及主变压器各侧运行参数正常，定值区号显示"01"。

3）各电流试验部件位置正确，接触良好。

（3）保护装置检查正常，则进行下一步差流测试。

（4）保护装置检查若有异常，则停止差动保护差流测试，及时汇报运行值班负责人，通知检修处理，处理正常后方可重新测试。

（5）PCS-985TW 主变压器差动保护差流测试步骤（在 PCS-985TW 保护面板上进行）：

1）按"取消"键，进入人机对话界面。

2）按"∧"→主菜单→按"∨"，选择"主变压器差动电流"。

3）按"确认"键。

4）查看主变压器差流在正常范围（$< 0.1I_e$），记录。

5）按"取消"键返回。

（6）主变压器差动保护差流测值正常，应做好记录。

（7）若主变压器差动保护差流测值不正常，应停止差流测试，及时汇报运行值班负责人，通知检修处理，处理正常后重新进行测试。

（8）登录运行管理系统定期工作界面，记录执行情况。

【流程图】

主变压器差动保护差流测试流程如图 2-27 所示。

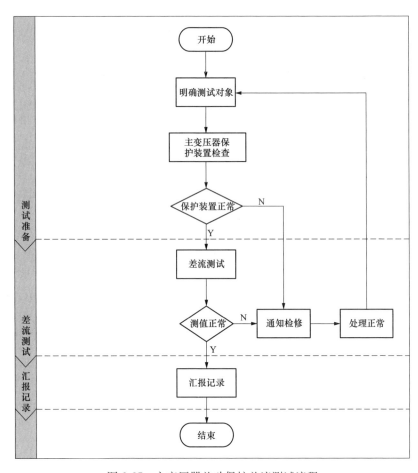

图 2-27　主变压器差动保护差流测试流程

六、母差保护差流测试流程（以 PCS-915 型母线保护为例）

【母差保护差流测试要求】

（1）母线差动保护差流每周定期进行一次测试并做好数据记录。

（2）母线差动回路的电流部件有过投/退，需测试差流正常后再投入差动保护。

（3）母差差流正常范围为小于 0.2A 时，测试中发现差流不正常，应及时汇报运行值班负责人，并通知检修处理。

【流程说明】

（1）明确差流测试对象：PCS-915 母差保护差流测试。

（2）检查 PCS-915 母线保护装置：

1）检查 PCS-915 母线保护装置"运行"指示灯亮，其他指示灯灭。

2）检查隔离开关模拟屏上各母线隔离开关位置指示正确，220kV系统实际运行方式相符，无隔离开关"位置报警"信号。

（3）保护装置检查正常，则进行下一步测试。

（4）保护装置检查有异常，则停止差动保护差流测试，汇报运行值班负责人，通知检修处理，处理正常后方可重新测试。

（5）在PCS-915母线保护人机界面，查看差动保护差流在正常范围(<0.2A)。

（6）母差保护差流测值正常，则做好记录。

（7）若母差保护差流测值不正常，则汇报运行值班负责人，通知检修处理，处理正常后重新进行测试。

（8）登录运行管理系统定期工作界面，记录执行情况。

【流程图】

母线保护差流测试流程如图2-28所示。

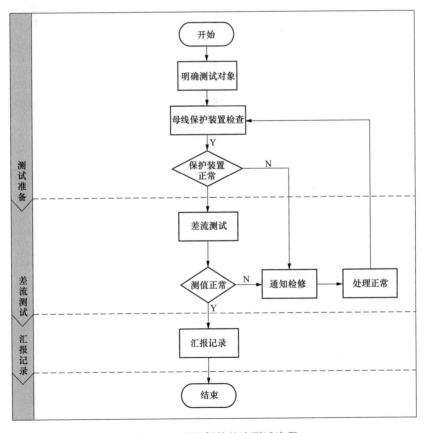

图2-28 母差保护差流测试流程

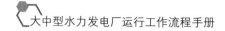

七、故障录波器手动录波测试流程（以 WY9 故障录波器为例）

【故障录波器手动录波测试要求】

（1）故障录波器每月定期进行一次手动录波测试，并做好记录。

（2）手动录波测试过程中发现有异常情况，及时汇报运行值班负责人，并通知检修处理。

【流程说明】

（1）明确录波测试对象：WY9 故障录波器手动录波测试。

（2）检查 WY9 故障录波装置：

WY9 电力系统故障录波及分析装置"运行""电源"指示灯常亮，其他指示灯不亮。

（3）故障录波装置检查正常，则进行下一步测试。

（4）故障录波装置检查有异常，则停止测试，及时汇报运行值班负责人，并通知检修处理，处理正常后方可重新测试。

（5）WY9 故障录波器手动录波步骤：

1）在"录波器管理系统"界面工具栏单击"手动启动"。

2）启动录波后"启动"灯点亮，录波结束后自动熄灭。

3）查看录波文件是否正常。

（6）手动录波测试正常，则做好记录。

（7）若手动录波测试不正常，则停止测试，及时汇报运行值班负责人，并通知检修处理，处理正常后重新进行测试。

（8）登录运行管理系统定期工作界面，记录测试情况。

【流程图】

故障录波器手动录波测试流程如图 2-29 所示。

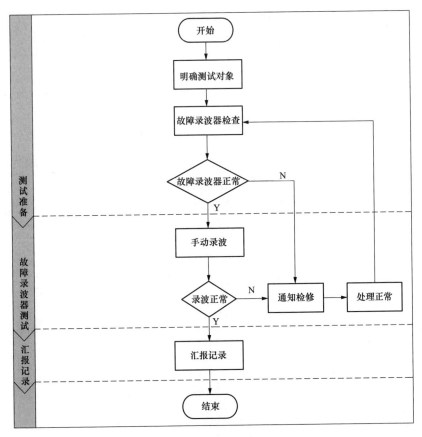

图 2-29　故障录波器手动录波测试流程

八、调速器滤油器切换流程

🔧【调速器滤过器切换要求】

（1）调速器滤油器每月定期进行一次切换，并做好记录。

（2）调速器滤油器切换原则上应在机组备用态时进行。

（3）切换后发现滤后压力下降较多，应立即切回原先那一侧，及时汇报运行值班负责人，并通知检修处理。

📋【流程说明】

（1）向运行值班负责人申请：调速器滤油切换试验。

（2）若运行值班负责人同意，则进行调速器滤油切换试验；若不同意，则记录不执行原因。

（3）检查调速器滤油器表计正常、油压正常，油管接头有无渗漏油。

（4）调速器滤油器检查油压正常，油管接头无渗漏油，则进行下一步切换。

（5）若调速器滤油器检查有异常，则停止切换试验，汇报运行值班负责人，通知检修处理，处理正常后方可重新切换。

（6）操作切换把手，左右切换调速器滤油器，检查切换前后油压变化在正常范围。

（7）若调速器滤油器切换前后油压变化在正常范围，切换试验完成。

（8）若调速器滤油器堵塞，则汇报运行值班负责人，通知检修处理。

（9）检修人员处理后，值班员现地检查确认正常。

（10）将调速器滤油器切换情况或异常处理情况，汇报运行值班负责人。

（11）登录运行管理系统定期工作界面，记录执行情况。

【流程图】

调速器滤油切换流程如图 2-30 所示。

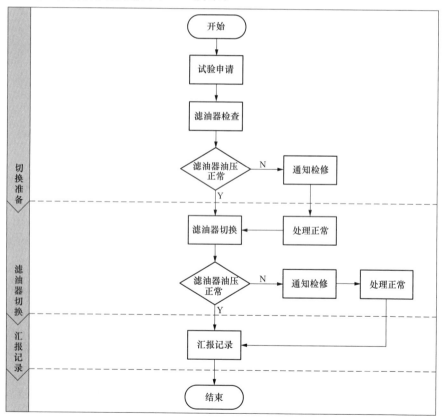

图 2-30　调速器滤油器切换流程

九、水导滤过器切换流程（以 SW-10 型双篮滤过器为例）

【水导滤过器切换要求】

（1）水导滤过器每月定期进行一次切换，汛期增加一次，并做好记录。

（2）水导滤过器切换原则上应在机组备用态时进行。

（3）若切换前后水压相差 0.02MPa 以上，应将滤过器切换到压力相对高侧，汇报运行值班负责人，并通知检修处理。

【流程说明】

（1）向运行值班负责人申请：水导滤过器切换试验。

（2）若运行值班负责人同意，则进行水导滤过器切换试验；若不同意，则记录不执行原因。

（3）投入机组水导冷却水。

（4）检查水导冷却水压力是否正常；水导静止水压正常范围：0.1～0.14MPa。

（5）若水导冷却水压力不正常，则调整水压正常。

（6）水导滤过器切换步骤如下：

1）用专用手柄六角部（大头）将调节螺母向右（顺时针方向）转 1～2 圈后将螺栓往上提。

2）用手柄的五角部（小头），限位止针必须朝下，将螺栓朝左或右切换。

3）转动手柄，直至手柄及栓子的矢印（箭头）与过滤网侧矢印（箭头）末端的 O 形对准。

4）切换后，用专用手柄六角部（大头）将调节螺母向左（逆时针方向）旋紧，将栓子向下压紧，旋紧调节螺母时若螺栓子跟着转，应用另一只手柄轻轻地将螺栓固定，调节螺栓请务必用手柄拧紧。

（7）水导滤过器切换后，若水导冷却水压力正常，复归机组水导冷却水，切换试验完成。

（8）若切换过程中发现水导滤过器有堵塞现象，则汇报运行值班负责人，通知检修处理。

（9）检修人员处理后，值班员现场检查确认水导冷却水压力正常，复归机组水导冷却水。

（10）将机组水导滤过器切换情况或异常处理情况，汇报运行值班负责人。

（11）登录运行管理系统定期工作页面，记录执行情况。

【流程图】

水导滤过器切换试验流程如图 2-31 所示。

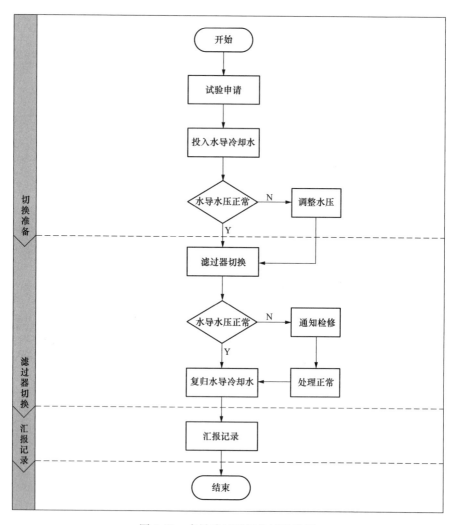

图 2-31　水导滤过器切换试验流程

十、蜗壳取水滤过器清扫流程

【蜗壳取水滤过器清扫要求】

（1）蜗壳取水滤过器每月定期进行一次清扫，汛期增加一次，并做好记录。

（2）蜗壳取水滤过器清扫原则上应在机组备用态时进行。

（3）在机组发电运行中若要清扫，打开排水阀时应观察机组技术供水减压后的压力是否明显下降，若压降影响机组技术供水应暂停清扫。

（4）蜗壳取水滤过器清扫过程中发现有堵塞现象，及时汇报运行值班负责人，并通知检修处理。

【流程说明】

（1）向运行值班负责人申请：蜗壳取水滤过器清扫试验。

（2）若运行值班负责人同意，则进行蜗壳取水滤过器清扫试验；若不同意，则记录不执行原因。

（3）检查机组蜗壳取水滤过器前后压差在正常范围（0.55～0.8MPa），做好记录。

（4）机组蜗壳取水滤过器清扫步骤：

1）关闭机组减压阀排水阀。

2）开启机组滤过器排水阀。

3）缓慢转动机组滤过器上操作把手 1.5 圈或 2.5 圈，检查滤过器前后压差在正常范围。

4）关闭机组滤过器排水阀。

5）开启减压阀排水阀。

（5）若机组蜗壳取水滤过器清扫后压差在正常范围，清扫试验完成。

（6）若机组蜗壳取水滤过器清扫过程中发现有堵塞，及时汇报运行值班负责人，并通知检修处理。

（7）检修人员处理后，值班员现地检查确认正常。

（8）将机组蜗壳取水滤过器清扫情况或异常处理情况，汇报运行值班负责人。

（9）登录运行管理系统定期工作界面，记录执行情况。

【流程图】

机组蜗壳取水滤过器清扫流程如图 2-32 所示。

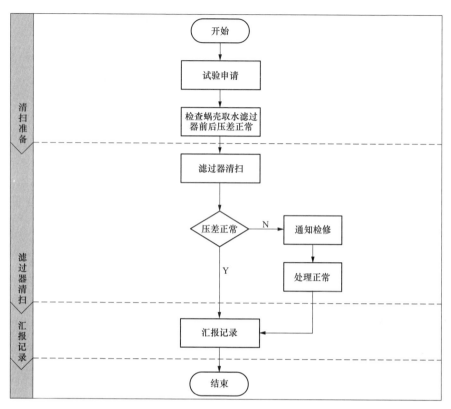

图 2-32　机组蜗壳取水滤过器清扫流程

十一、高、低压储气筒排污流程

【高、低压储气筒排污要求】

（1）高、低压储气筒每月定期进行一次排污，并做好记录。

（2）用气量较大时，不建议进行排污。

（3）排污过程出现异常情况，及时汇报运行值班负责人，并通知检修处理。

（一）高压储气筒排污

【流程说明】

（1）明确排污对象：高压储气筒排污。

（2）高压储气筒检查：

1）储气筒压力正常，气压在 3.5～3.8MPa 范围。

2）储气筒安全阀铅封完好，无漏气。

3）管路阀门、法兰接口无漏气。

4）压力开关无异常，接线无异常。

（3）高压储气筒检查正常，则进行下一步排污试验。

（4）若高压储气筒检查有异常，应停止排污试验，及时汇报运行值班负责人，并通知检修处理。

（5）检修处理后，值班员现场确认正常。

（6）开启高压储气筒排污阀，排污正常后，关闭排污阀。

（7）若高压储气筒排污过程正常，排污试验完成。

（8）若高压储气筒排污过程有异常，则停止排污，恢复正常，汇报运行值班负责人，通知检修处理。

（9）检修处理后，值班员现场确认正常。

（10）将高压储气筒排污情况或异常处理情况，汇报运行值班负责人。

（11）登录运行管理系统定期工作界面，记录执行情况。

【流程图】

高压储气筒排污流程如图 2-33 所示。

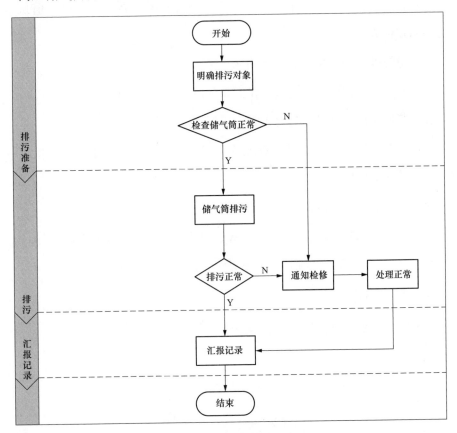

图 2-33 高压储气筒排污流程

（二）低压储气筒排污

【流程说明】

（1）明确储气筒排污对象：低压储气筒排污。

（2）低压储气筒检查：

1）检查低压储气筒气压在正常范围（0.7～0.5MPa），接点压力表整定值无变化，接线无异常现象。

2）安全阀无漏气，铅封完好。

3）管道阀门、止回阀无异常，法兰接口无漏气。

（3）低压储气筒检查正常，则进行下一步排污。

（4）若低压储气筒检查有异常，应停止排污试验，及时汇报运行值班负责人，并通知检修处理。

（5）检修处理后，值班员现场确认正常。

（6）开启低压储气筒排污阀，排污正常后，关闭排污阀。

（7）若低压储气筒排污过程正常，排污试验完成。

（8）若低压储气筒排污过程有异常，则停止排污，恢复正常，汇报运行值班负责人，通知检修处理。

（9）检修处理后，值班员现场确认正常。

（10）将低压储气筒排污情况或异常处理情况，汇报运行值班负责人。

（11）登录运行管理系统定期工作界面，记录执行情况。

【流程图】

低压储气筒排污流程如图 2-34 所示。

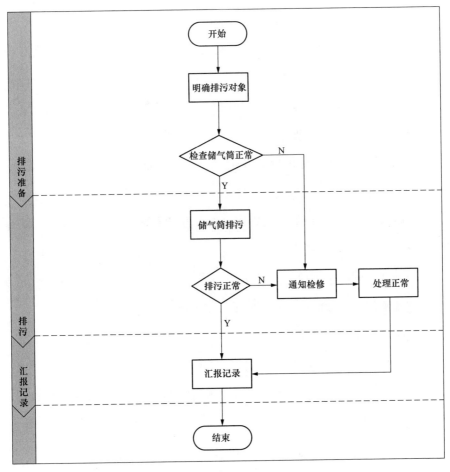

图 2-34 低压储气筒排污流程

十二、左右岸泵站切换流程

【左右岸泵站切换要求】

（1）左右岸泵站每季定期进行一次切换，并做好记录。

（2）泵站切换后需做闸门下滑提门试验正常。

（3）泵站切换过程中出现异常情况中止切换，及时汇报运行值班负责人，并通知检修处理。

📇【流程说明】

（1）向运行值班负责人申请：左右岸泵站切换试验。

（2）填写操作票，执行审核、批准流程；明确操作目的，做好危险点分析预控。

（3）操作票合格，执行操作票进行左右岸泵站切换试验。

（4）操作票执行正常，则进行下一步闸门下滑试验。

（5）若操作票执行过程出现异常情况，则停止操作，尽快恢复原来状态，汇报运行值班负责人，并通知检修处理。

（6）检修处理后，值班员现场确认正常，方可重新开始切换试验。

（7）机组闸门下滑试验步骤：

1）缓慢开启闸门手动快降连通阀。

2）监视闸门下滑 200mm 或 300mm，并自动提门正常。

3）关闭手动快降连通阀。

（8）若闸门下滑试验正常，切换试验完成。

（9）若闸门下滑试验不正常，则停止下滑试验，尽快恢复，汇报运行值班负责人，通知检修处理。

（10）检修处理后，值班员现场确认正常，重新执行切换试验或下滑试验。

（11）将左右岸泵站切换试验情况或异常处理情况，汇报运行值班负责人。

（12）登录运行管理系统定期工作界面，记录执行情况。

✏️【流程图】

左右岸泵站切换试验流程如图 2-35 所示。

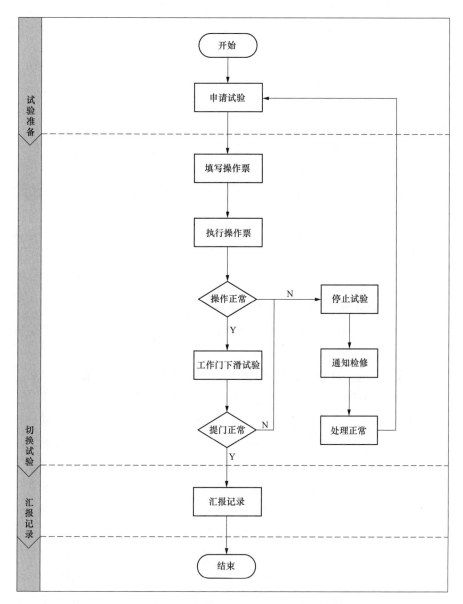

图 2-35 左右岸泵站切换试验流程

十三、事故照明电源切换流程

【事故照明电源切换要求】

（1）事故照明电源每季定期进行一次切换试验，并做好记录。

（2）为了便于检查和发现问题，事故照明电源切换试验宜安排在夜间进行。

（3）切换过程中发现异常情况及时汇报运行值班负责人，并通知检修处理。

【流程说明】

（1）明确切换试验对象：事故照明电源切换试验。

（2）事故照明电源切换屏柜检查：

1）直流配电室事故照明电源空气开关在合，直流供电正常。

2）工作照明交流自动切换屏前电压表、电流表指示正常，Ⅰ段、Ⅱ段电源指示灯亮；自动切换装置正常，屏内无异味。

3）事故照明交、直流自切换屏前总开关及屏内各负荷开关位置正确，分、合指示灯对应。

4）接触器位置正确，接触器线圈无过热，铁芯无粘连，转换机构、各端子及接线无异常现象。

5）屏内无异味。

（3）事故照明电源屏柜检查正常，则进行下一步切换试验。

（4）若事故照明电源屏柜检查有异常，则停止切换试验，汇报运行值班负责人，并通知检修处理。

（5）检修处理后，值班员现场确认正常，方可重新开始切换试验。

（6）拉开事故照明交、直流自动切换屏内事故照明交流电源空气开关。

（7）检查接触器动作正确，交流接触器合闸指示灯不亮，直流接触器合闸指示灯亮；检查各事故照明支路合闸指示灯亮，各事故照明支路照明正常。

（8）合上事故照明交、直流自动切换屏内事故照明交流电源空气开关。

（9）检查接触器动作正确，交流接触器合闸指示灯亮，直流接触器合闸指示灯不亮；检查各事故照明支路合闸指示灯亮，各事故照明支路照明正常。

（10）以上（6）～（9）若切换正常，则进行下一步；若切换不正常，停止切换试验，立即恢复正常运行状态，汇报运行值班负责人，通知检修处理。

（11）检修处理后，值班员现场确认正常，方可重新开始切换试验。

（12）将事故照明电源切换试验情况或异常处理情况，汇报运行值班负责人。

（13）登录运行管理系统，定期工作页面，记录执行情况。

【流程图】

事故照明切换试验流程如图 2-36 所示。

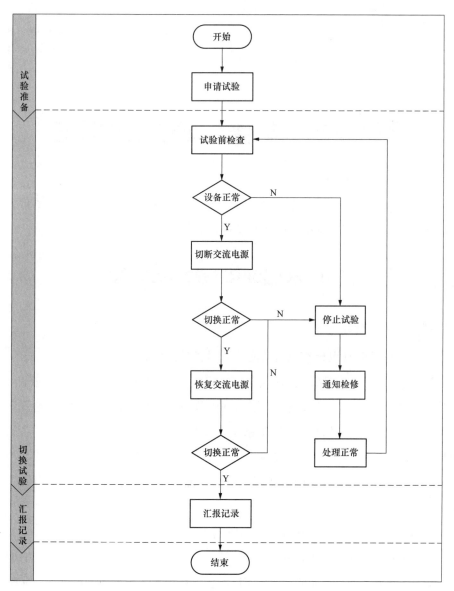

图 2-36 事故照明切换试验流程

【提问测试】

（1）设备定期切换试验由_____值班员完成。

（2）厂用电自动切换试验切换有哪些要求和注意事项？

93

第三章

水轮发电机组修后试验工作流程

水轮发电机组及相关机电设备安装、检验合格后，应进行启动试运行，试验合格及交接验收后方可正式投入系统并网运行。

第一节　水轮发电机组修后试验总流程

【流程说明】

（1）水轮发电机组充水试验前应检查具备的条件。

1）机组检修工作已经全部结束，机组充水前的各项调整与试验已完成，引水及尾水系统、水轮机、调速器、发电机、励磁系统、油气水系统、电气一次设备、电气二次系统及回路、消防系统设备均应检查、静态调试合格；各班组填写验收单，相关专业人员验收签字。

2）调速系统及有关辅助设备（压油泵、漏油泵、高压气机、低压气机）均处于正常工作状态。

3）尾水门提起，检查蜗壳、尾水管进人孔和水车室内无漏水情况。

4）检修门提起，放入拦污栅。

5）由总工（副总）负责，各部门有关人员进行一次最后的机组全面检查。

（2）充水试验。工作门充水全过程，检查各部进人孔、水轮机顶盖和压力钢管伸缩节漏水情况，检查管路阀门、接头法兰、测量仪表管接头的渗漏情况。充水过程采集并记录压力钢管静应力试验数据。充水完成后调整机组各部技术供水水压。

（3）启动前准备。

1）确认充水试验中出现的问题已处理合格。

2）机组启动前，顶一次转子。

3）手动将机组各部冷却水、润滑水手动投入，检查水压正常，油压系统工作正常。上下游水位已记录，各部原始温度已记录。电磁流量计参数调整正常。

4）检查制动闸瓦已全部落下，机组漏油泵处于"自动"位置。

5）调速器处于停机等待状态，确认机组母线隔离开关在分闸位置，出口断路器断开，水力机械保护和测温装置已投入，所有试验用的短接线及接地线均已拆除。

（4）空载试验。

1）机组首次启动试验：检查机组转动部分是否工作正常，是否与固定部分触碰。

2）变转速及动平衡试验：检查机组转动部分是否存在动不平衡并调整。

3）过速试验：检查机组过速时保护动作情况以及试验中机组稳定性情况。

4）自动开停机试验：检查机组自动开停机流程及自动化元件动作的正确性。

5）升流试验：机组电流互感器更换后，通过升流试验，检验电流互感器的运行情况及二次回路接线的正确性。

升压试验：机组电压互感器更换后，通过升压试验，检验电压互感器的运行情况及二次回路接线的正确性。

（5）并网及负荷试验。

1）同期试验：机组同期试验是为了检查同期装置回路接线及动作正确性，防止机组非同期并网。

2）带负荷试验：检验机组在不同负荷工况下的运行情况。

3）甩负荷试验：检验机组甩负荷过程调速器动作、机组稳定性、蜗壳升压是否正常。

4）机组事故低油压停机和事故低油位停机试验：检验机组油压、油位过低时，事故停机动作是否正确。

5）调相试验：检验机组"发电"与"调相"工况转换是否正常。

6）进相试验：检验机组进相运行能力。

7）72h带负荷试验：检验机组长时间运行的稳定性。

8）根据电力系统要求结合相关机组特点，有条件时，可分别进行调速器系统、励磁系统参数建模、一次调频、电力系统稳定器（PSS）、自动发电控制（AGC）、自动电压控制（AVC）相关试验项目。

【流程图】

水轮发电机组修后试验如图3-1所示。

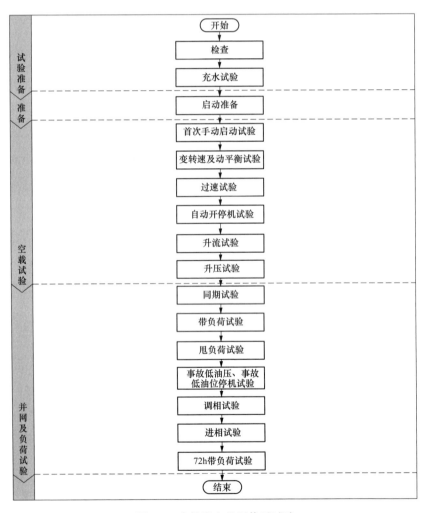

图3-1 水轮发电机组修后试验

【提问测试】

机组大修后需要进行哪些试验？

第二节　水轮发电机组启动及空载试验

一、机组首次手动启动试验流程

【试验目的】

机组首次手动启动试验是为了检查机组转动部分是否工作正常，是否与固定部分触碰。

【试验条件】

（1）机组具备手动开机条件，充水试验中出现的问题已处理合格。系统各部油压、水压正常，制动风闸落下，机组漏油泵处于"自动"位置。

（2）取下过速保护连接片。

（3）调速器微机调节模式切至"现地""机手动"。

（4）接力器锁锭退出。

（5）机组在备用。

【流程说明】

（1）做机组首次启动试验安全措施，确认满足试验条件。

（2）投入机组总冷却水，确认机组各部位水压正常。

（3）手动打开导叶，控制机组转速不超过 $15\%n_e$。

（4）观察机组能否正常启动并正常转动。

（5）若机组转动异常，立即关闭导叶并中止试验，检查消缺后重新开始试验。

（6）若机组转动正常，以手动停机方式停机，锁锭投入，做好防转动措施。

（7）校对转速测控装置接点动作的正确性。待机组停稳后，对机组进行一次全面检查，特别注意检查机组的转动部分及水导轴承部分，观察机组水导润滑水压力，供水管表计回落情况，并确认水导瓦运行情况正常。检查定子挡风板。

（8）试验结束后，将机组恢复备用，并向试验负责人汇报试验结果并记录试验数据。

【流程图】

首次手动启动试验如图 3-2 所示。

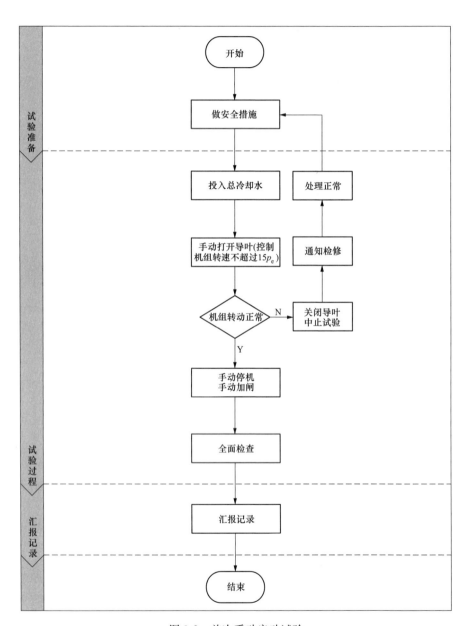

图 3-2　首次手动启动试验

二、机组变转速及动平衡试验流程

【试验目的】

机组变转速及动平衡试验是为了检查机组转动部分是否存在动不平衡，并做出调整。

【试验条件】

（1）首次开机各部位无异常。

（2）调速器微机调节模式切至"现地""机手动"。

（3）机组在备用。

【流程说明】

（1）做机组变转速试验安全措施，确认满足试验条件。

（2）投入机组总冷却水，确认机组各部位水压正常。

（3）手动打开导叶。

（4）增加导叶开度至机组转速达到40%。

（5）记录机组振动、摆度与压力脉动等信号的数据。

（6）继续增加导叶开度至机组转速达到 $60\%n_e$、$80\%n_e$、$100\%n_e$，并记录相应转速下机组振动、摆度与压力脉动等信号的数据。

（7）机组变转速过程中，应密切监视各部位运转情况，如发现金属碰撞或摩擦、水车室喷水、瓦温升高、振动摆度过大等不正常现象应立即停机检查。

（8）手动停机、加闸。

（9）将机组改检修。

（10）确认各转速下机组各部位振动、摆度是否超标。

（11）若机组振动、摆度超标，根据采集数据计算转子试重块重量及方位。

（12）转子试重块安装完成并恢复相关措施后，再次开机变转速试验。如果试验结果没有达到要求，重复试验和配重，直到试验结果满足要求。

（13）试验结果符合要求后，动平衡试验块与转子支架周围满焊处理，进入内部焊接需做好安全措施并履行一级动火工作票手续，焊接完成后彻底清除焊渣，并对焊缝进行探伤。

（14）对机组进行一次全面检查。

（15）试验结束后，将机组恢复备用，并向试验负责人汇报试验结果。

【流程图】

机组变转速及动平衡试验如图 3-3 所示。

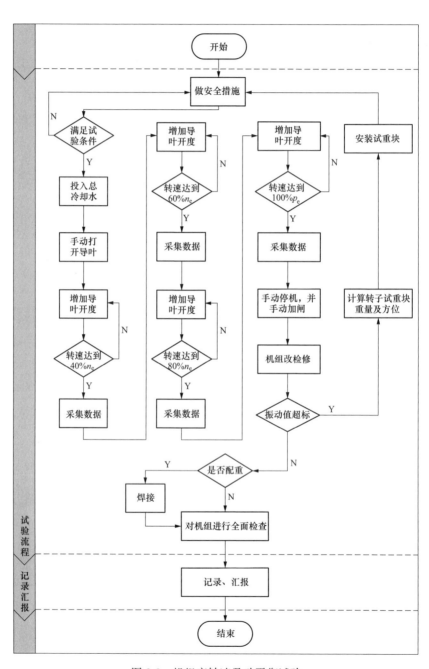

图 3-3　机组变转速及动平衡试验

三、机组 115%n_e 过速试验流程

🔬【试验目的】

机组 115%n_e 过速试验是为了检查机组过速 115%n_e 保护动作情况以及试验中机组稳定性情况。

🔬【试验条件】

（1）机组 115%n_e 过速保护接点从水机保护退出。

（2）调速器微机调节模式切至"现地""机手动"。

（3）机组在备用。

📋【流程说明】

（1）做机组 115%n_e 过速试验安全措施，确认满足试验条件。

（2）投入机组总冷却水，确认机组各部位水压正常。

（3）手动打开导叶，使机组达到额定转速。

（4）待机组运转正常后，增加导叶开度使机组转速升至 115%n_e。

（5）检查转速继电器接点动作正常及主配发卡接点位置（调速器自动控制退出）正确。

（6）若接点不正确，立即停机，检查消缺。

（7）若接点都正确，将机组转速降至额定转速。

（8）机组转速降至额定转速后，投入机组 115%n_e 过速保护。

（9）投入 115%n_e 过速保护后，再次增加导叶开度使机组转速升至 115%n_e 过速保护动作。

（10）观察自动回路各部件及事故配压阀的动作情况，监视并记录各部位的摆度、振动值及各部轴承的温升情况，记录顶盖压力及水导供水流量。

（11）若自动回路各部件及事故配压阀动作不正确，立即停机中止试验，并检查消缺后重新申请开始试验。

（12）试验结束后，将机组恢复备用，并向试验负责人汇报试验结果。

📝【流程图】

机组 115%n_e 过速试验如图 3-4 所示。

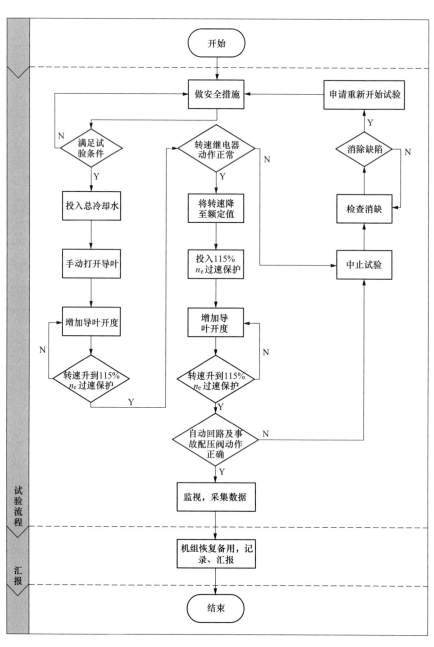

图 3-4　机组 115%n_e 过速试验

四、机组 140%n_e 过速试验流程

【试验目的】

机组过速试验是为了检查机组过速 140%n_e 保护动作情况以及试验中机组稳定性情况。

【试验条件】

（1）将机组 115%n_e 过速保护切除。

（2）将电气 140%n_e 过速保护及机械 140%n_e 过速保护改信号。

（3）调速器微机调节模式切至"现地""机手动"。

（4）机组在备用。

【流程说明】

（1）做机组 140%n_e 过速试验安全措施，确认满足试验条件。

（2）投入机组总冷却水，确认机组各部位水压正常。

（3）手动打开导叶，使机组达到额定转速。

（4）待机组运转正常后，增加导叶开度使机组转速升至电气 140%n_e 过速保护动作。

（5）检查转速继电器接点动作正常及主配发卡接点位置（调速器自动控制退出）正确。

（6）若接点不正确，立即停机，检查消缺正常后重新开始试验。

（7）若接点都正确，将机组转速降至额定转速。

（8）机组转速降至额定转速后，投入机组机械 140%n_e 过速保护。

（9）投入机械 140%n_e 过速保护后，再次增加导叶开度使机组转速升至机械 140%n_e 过速保护动作。

（10）观察工作门、自动回路各部件及事故配压阀的动作情况，记录工作门紧急关闭时间，紧急停机时间，记录工作门启闭机活塞缸两腔压力情况。监视并记录各部位的摆度、振动值及各部轴承的温升情况，记录顶盖下压力及水导供水流量。

（11）若工作门、自动回路各部件及事故配压阀的动作不正确，立即停机中止试验，检查消缺后重新申请开始试验。

（12）试验结束后，将机组恢复备用，并向试验负责人汇报试验结果。

【流程图】

机组 140%n_e 过速试验如图 3-5 所示。

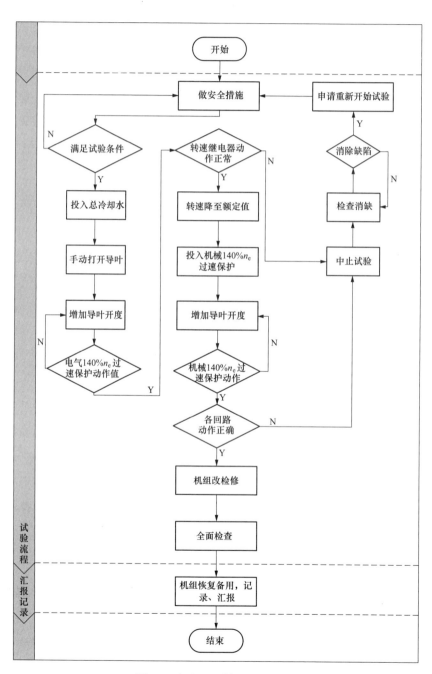

图 3-5　机组 140%n_e 过速试验

五、机组自动开停机试验流程

【试验目的】

机组自动开停机试验是为了检查机组自动开停机流程及自动化元件动作的正确性。

【试验条件】

（1）调速器微机调节模式切至"远方""自动"。

（2）机组在备用。

【流程说明】

（1）做机组自动开停机试验安全措施，确认满足试验条件。

（2）在机旁 LCU 屏发开机令：开机到空转。

（3）观察机组自动开机到空转正常，若不正常立即中止试验，停机检查消缺，正常后重新开始试验。

（4）记录开机令发出到空转时间。

（5）在机旁 LCU 屏发停机令：停机到全停。

（6）观察机组自动停机正常，机组自动加闸正常，若不正常立即中止试验，自动无法加闸时手动加闸，停机检查消缺，正常后重新开始试验。

（7）记录机组制动加闸转速，以及加闸至全停时间。

（8）在上位机发开机令：开机到空转。

（9）观察机组自动开机到空转正常，若不正常立即中止试验，停机检查消缺，正常后重新开始试验。

（10）在上位机发停机令：停机到全停。

（11）观察机组自动停机正常，机组自动加闸正常，若不正常立即中止试验，停机检查消缺，正常后重新开始试验。

（12）试验结束后，向试验负责人汇报试验结果。

【流程图】

自动开停机试验如图 3-6 所示。

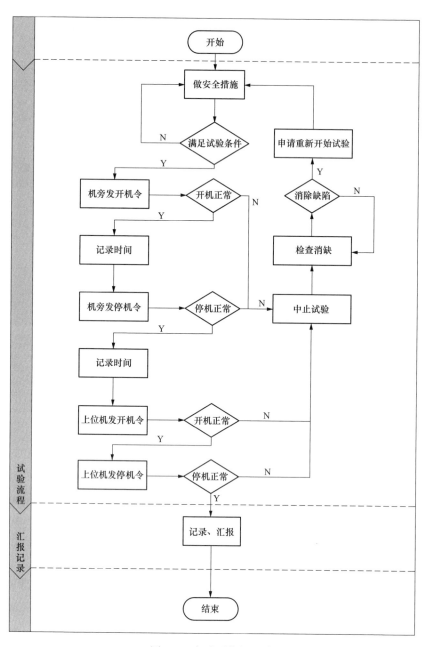

图 3-6 自动开停机试验

六、机组升流试验流程（对同单元设备升流）

【试验目的】

机组升流试验是为了检查机组电流互感器更换后，电流互感器的运行情况及二次回路接线的正确性。

【试验条件】

（1）主变压器低压侧隔离开关在"分"。

（2）断开机组与主变压器保护电流连接部件。

（3）在同单元厂变压器（或发电机）断路器室至出口母线之间装设三相接地短路排。

（4）取下机组、厂用变压器跳主变压器断路器保护连接片。

（5）试验机组在"热备用"。

（6）拉开试验机组可控硅输入隔离开关。

（7）升流用电焊机性能正常，并接入试验机组励磁输入端。

【流程说明】

（1）做机组升流试验安全措施，确认满足试验条件。

（2）合上同单元厂变压器（或发电机）母线隔离开关。

（3）合上同单元厂变压器（或发电机）断路器，并做好防跳措施。

（4）将试验机组开机至空转。

（5）合上试验机组断路器，并做好防跳措施。

（6）打开电焊机进行他励升流，控制定子电流大小在额定值以内。

（7）升流时必须设专人监视励磁电流及发电机电流，观察是否出现电流异常或其他异常现象，若有异常立即中止试验，机组停机，检查消缺正常后，申请重新开始试验。

（8）检查保护屏内各设备电流幅值、相位、相序等是否正确，若数据异常立即中止试验，机组停机，检查消缺正常后申请重新开始试验。

（9）试验结束后，恢复相关安全措施，并向试验负责人汇报试验结果。

【流程图】

机组升流试验（对同单元设备升流）如图 3-7 所示。

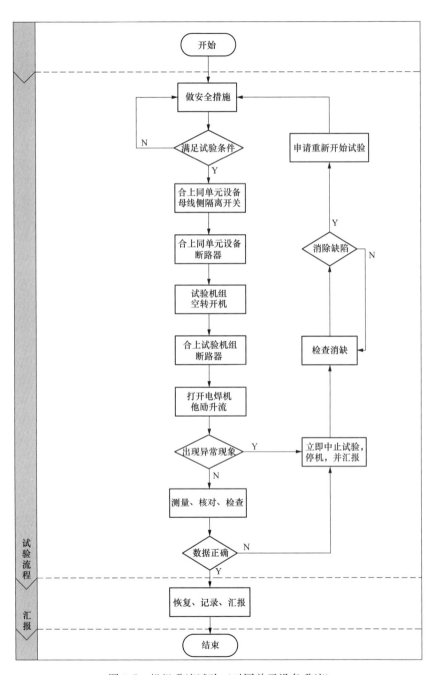

图 3-7　机组升流试验（对同单元设备升流）

七、机组升压试验流程（对单元母线升压）

【试验目的】

机组升压试验是为了机组电压互感器更换后，电压互感器的运行情况及二次回路接线的正确性。

【试验条件】

（1）主变压器低压侧隔离开关在"分"。

（2）单元母线在"冷备用"。

（3）机组在"热备用"。

（4）励磁系统对单元母线零升功能投入。

（5）励磁系统运行方式设置"网压跟踪"退出。

【流程说明】

（1）做机组升压试验安全措施，确认满足试验条件。

（2）将机组开机至空转。

（3）无压合机组断路器。

（4）按"启励"按钮升压。

（5）手动增减磁，按 25％、50％、75％、100％额定电压进行升压，每次升压后稳定 5～10min，相关人员检查机组及电流互感器、电压互感器、整流变压器、消弧线圈等设备运行情况正常，记录各工况下参数（定子电压、转子电压、电流、控制信号）。

（6）在额定状态下计算均流系数，同时进行相序测定及轴电压测定，并做好记录。

（7）检查设备参数、保护及电测回路是否正常，若检查结果有异常，停机灭磁，检查消缺正常后申请重新开始试验。

（8）试验结束后，恢复相关安全措施，并向试验负责人汇报试验结果。

【流程图】

机组升压试验（对单元母线升压）如图 3-8 所示。

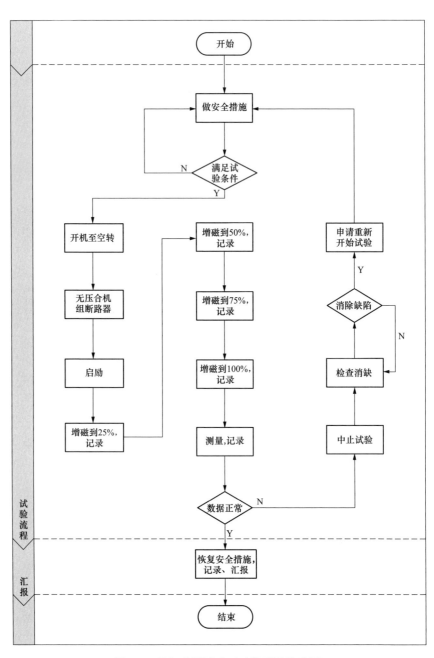

图 3-8　机组升压试验（对单元母线升压）

【提问测试】

（1）首次启动试验后，机组应做哪些检查？

（2）机组如果发生过速会造成什么后果？

（3）发电机升流试验时，应在_____设置可靠的三相短路线。

第三节　水轮发电机组并网及负荷试验

一、机组同期"12"点试验流程

【试验目的】

机组同期"12"点试验是为了检验同期装置"12"点的正确性。

【试验条件】

（1）主变压器低压侧隔离开关在"分"。

（2）机组母线侧隔离开关在"合"。

（3）机组断路器在"分"。

（4）机组在备用。

（5）临时监视用同期表接入正确。

【流程说明】

（1）做机组同期"12"点试验安全措施，确认满足试验条件。

（2）将机组开机至空转。

（3）无压合机组断路器。

（4）对单元母线升压至额定值。

（5）观察临时监视用同期表指示为"12"点，若装置指示异常立即中止试验，检查消缺正常后申请重新开始试验。

（6）单元母线测量电压核相、幅值检查。

（7）试验结束后，恢复相关安全措施，并向试验负责人汇报试验结果。

【流程图】

同期"12"点试验如图 3-9 所示。

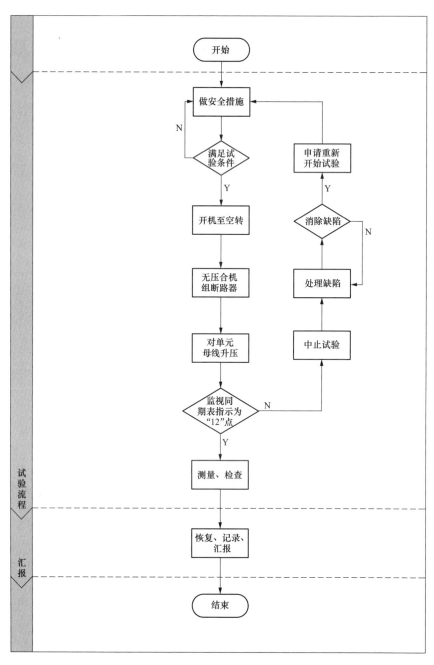

图 3-9　同期"12"点试验

二、机组同期转向试验流程

【试验目的】

机组同期转向试验是为了检验同期装置转向的正确性。

【试验条件】

（1）主变压器及单元母线正常运行。

（2）机组母线侧隔离开关在"合"。

（3）机组断路器在"分"。

（4）机组在备用。

（5）拉开机组断路器操作电源。

（6）退出同期装置背板上同期合闸输出插头接线。

（7）临时监视用同期表接入正确。

【流程说明】

（1）做机组同期转向试验安全措施，确认满足试验条件。

（2）将机组自动开机至空转。

（3）将调速器切至"现地""电手动"。

（4）对发电机定子电压升压至额定值。

（5）将励磁系统切至"现地""近控"。

（6）投入同期装置 TV 及使能。

（7）手动增、减机组转速和电压。

（8）观察临时监视用同期表转向是否正确，若装置指示异常立即中止试验，检查消缺正常后申请重新开始试验。

（9）试验结束后，恢复相关安全措施，并向试验负责人汇报试验结果。

【流程图】

同期转向试验如图 3-10 所示。

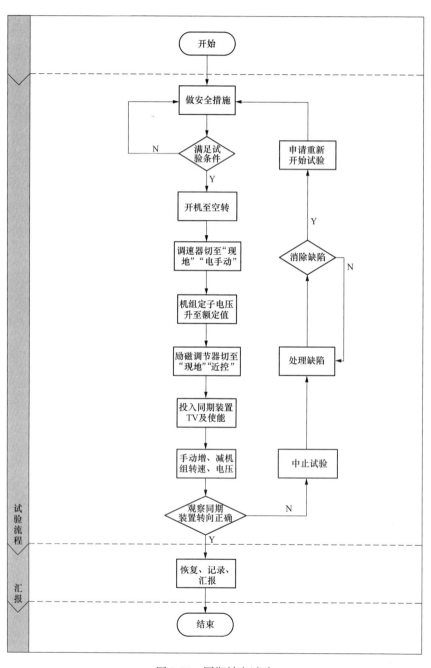

图 3-10　同期转向试验

三、机组假同期试验流程

【试验目的】

机组假同期试验是为了检查同期装置回路接线及动作正确性，防止机组非同期并网。

【试验条件】

（1）主变压器及单元母线正常运行。

（2）机组母线侧隔离开关在"分"（PLC强制为合）。

（3）机组断路器在"分"。

（4）机组同期切换开关在"自准同期"位置。

（5）机组在备用。

【流程说明】

（1）做机组假同期试验安全措施，确认满足试验条件。

（2）将机组调速器侧的"断路器"信号退出，并网后调速器切"现地"，防止监控有增减令造成机组过速现象。

（3）在站调或机旁操作发电开机，机旁设专人监视同期装置发合闸脉冲瞬间临时监视用同期表应在"12"点，若同期装置动作不正确，立即中止试验，检查消缺正常后申请重新开始试验。

（4）试验结束后，机组恢复备用，并向试验负责人汇报试验结果。

【流程图】

假同期试验如图 3-11 所示。

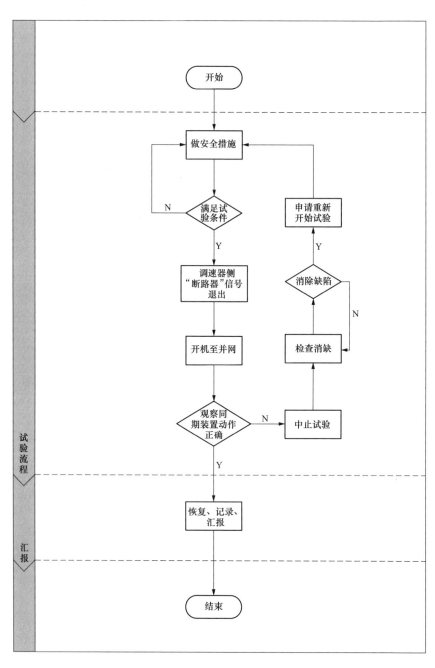

图 3-11 假同期试验

四、机组同期并网试验流程

【试验目的】

同期"12"点试验、同期转向试验、假同期试验确认同期装置回路接线及动作正确后，进行正式同期并网。

【试验条件】

（1）主变压器及单元母线正常运行。

（2）机组母线侧隔离开关在"合"。

（3）机组断路器在"分"。

（4）机组同期切换开关在"自准同期"位置。

（5）机组在备用。

【流程说明】

（1）确认同期"12"点试验、同期转向试验、假同期试验确认同期装置回路接线及动作正确。

（2）做机组同期并网试验安全措施，确认满足试验条件。

（3）将机组开机至并网，记录机组从备用开机至并网时间，若同期装置动作不正确，立即中止试验，停机检查消缺正常后申请重新开始试验。

（4）试验结束后，机组恢复备用，并向试验负责人汇报试验结果。

【流程图】

同期并网试验如图 3-12 所示。

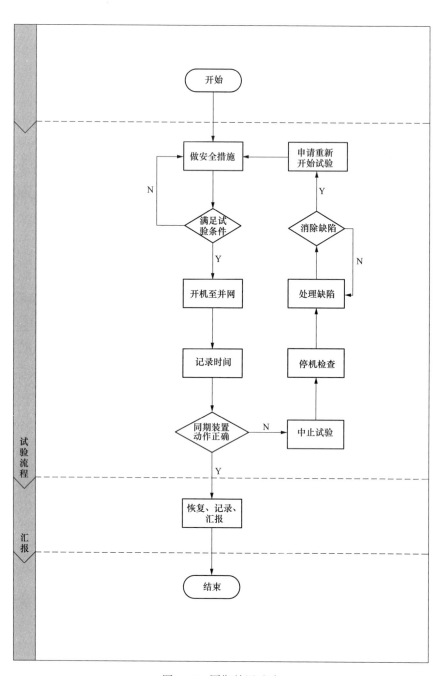

图 3-12　同期并网试验

五、机组带负荷试验流程

【试验目的】

机组带负荷试验是为了检验机组在不同负荷工况下的运行情况。

【试验条件】

（1）主变压器及单元母线正常运行。

（2）机组在"热备用"。

【流程说明】

（1）做机组带负荷试验安全措施，确认满足试验条件。

（2）将机组开机至并网。

（3）调整机组功率依次分别为 25％、50％、75％、100％（或最大功率）额定功率，观察各仪表指示及各部位运转情况，状态检查系统记录各振动、摆度与压力数据，观察记录主轴补气与十字架补气情况，若试验过程中机组运行不正常，立即中止试验，停机检查消缺正常后申请重新开始试验。

（4）试验结束后，机组恢复备用，并向试验负责人汇报试验结果。

【流程图】

机组带负荷试验如图 3-13 所示。

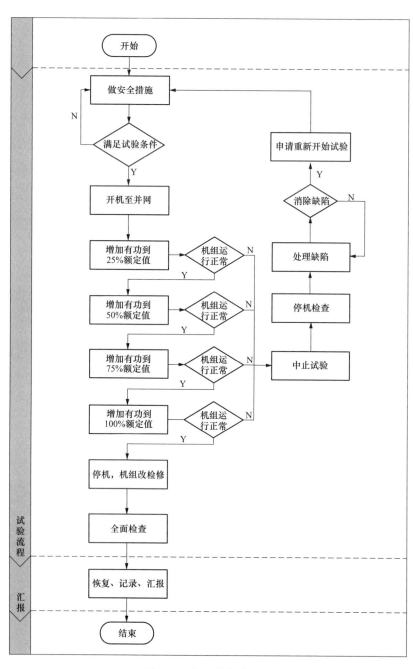

图 3-13　机组带负荷试验

六、机组甩负荷试验流程

【试验目的】

机组甩负荷试验是为了检验机组甩负荷过程调速器动作、机组稳定性、蜗壳升压是否正常。

【试验条件】

（1）主变压器及单元母线正常运行。

（2）机组在"热备用"。

【流程说明】

（1）做机组带负荷试验安全措施，确认满足试验条件。

（2）将机组开机至并网。

（3）调整机组功率为 25％额定功率。

（4）跳开机组断路器。

（5）检查调速系统的超调量、振荡次数和调节时间，校核导叶接力器紧急关闭时间，测量并记录大轴各处摆度及上机架水平和垂直方向振动值。

（6）调整机组功率为 50％额定功率。

（7）跳开机组断路器。

（8）检查调速系统的超调量、振荡次数和调节时间，校核导叶接力器紧急关闭时间，测量并记录大轴各处摆度及上机架水平和垂直方向振动值。

（9）调整机组功率为 75％额定功率。

（10）跳开机组断路器。

（11）检查调速系统的超调量、振荡次数和调节时间，校核导叶接力器紧急关闭时间，测量并记录大轴各处摆度及上机架水平和垂直方向振动值。

（12）调整机组功率为 100％额定功率。

（13）跳开机组断路器。

（14）检查调速系统的超调量、振荡次数和调节时间，校核导叶接力器紧急关闭时间，测量并记录大轴各处摆度及上机架水平和垂直方向振动值。

（15）试验过程中机组转速超限或发生其他异常情况应立即中止试验，停机检查消缺正常后申请重新开始试验。

（16）试验结束后，机组恢复备用，并向试验负责人汇报试验结果。

⚕️ 【流程图】

机组带负荷试验如图 3-14 所示。

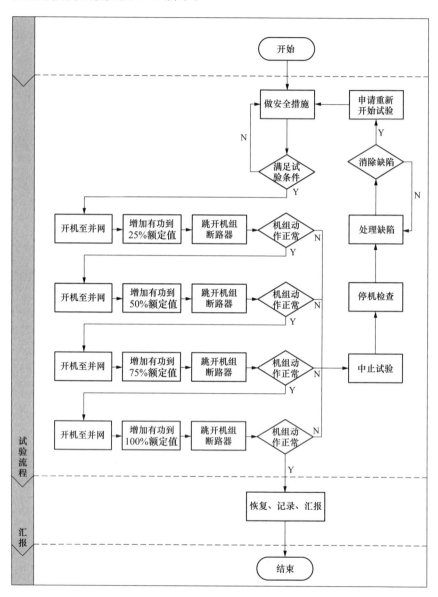

图 3-14 机组带负荷试验

七、机组事故低油压停机试验流程

【试验目的】

机组事故低油压停机试验是为了检验机组油压过低时，事故停机动作是否正确。

【试验条件】

（1）主变压器及单元母线正常运行。

（2）机组在"热备用"。

（3）压油装置工作正常。

【流程说明】

（1）做机组事故低油压停机试验安全措施，确认满足试验条件。

（2）将机组开机至并网。

（3）机组带至额定负荷。

（4）将压油泵控制方式切至手动。

（5）用排油或排气的方法降低油压，直至事故低油压动作停机。

（6）当油压降至动作值时，仍不动作，应立即中止试验，停机检查消缺后申请重新开始试验，直至动作可靠，整定值符合检修质量标准。

（7）记录事故低油位实际动作值，事故低油压停机一次需要的油量，及机组甩负荷时的各部摆度，转速、水压等。

（8）试验结束后，机组恢复备用，并向试验负责人汇报试验结果。

【流程图】

事故低油压试验如图 3-15 所示。

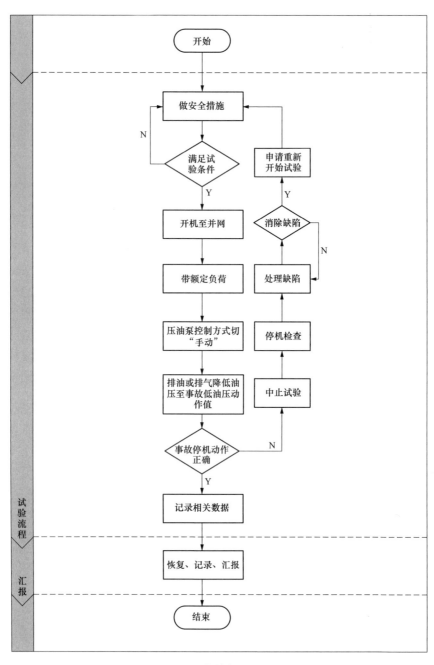

图 3-15 事故低油压试验

八、机组事故低油位停机试验流程

【试验目的】

机组事故低油位停机试验是为了检验机组油位过低时，事故停机动作是否正确。

【试验条件】

（1）主变压器及单元母线正常运行。

（2）机组在"热备用"。

（3）压油装置工作正常。

【流程说明】

（1）做机组事故低油位停机试验安全措施，确认满足试验条件。

（2）将机组开机至并网。

（3）机组带至额定负荷。

（4）将压油泵控制方式切至手动。

（5）用排油的方法降低油位，直至事故低油位动作停机，排油期间压油槽油压应保持在正常范围内。

（6）当油压降至动作值时，仍不动作，应立即中止试验，停机检查消缺后申请重新开始试验，直至动作可靠，整定值符合检修质量标准。

（7）记录事故低油位实际动作值，事故低油位停机一次需要的油量，及机组甩负荷时的各部摆度，转速、水压等。

（8）试验结束后，机组恢复备用，并向试验负责人汇报试验结果。

【流程图】

事故低油位试验如图 3-16 所示。

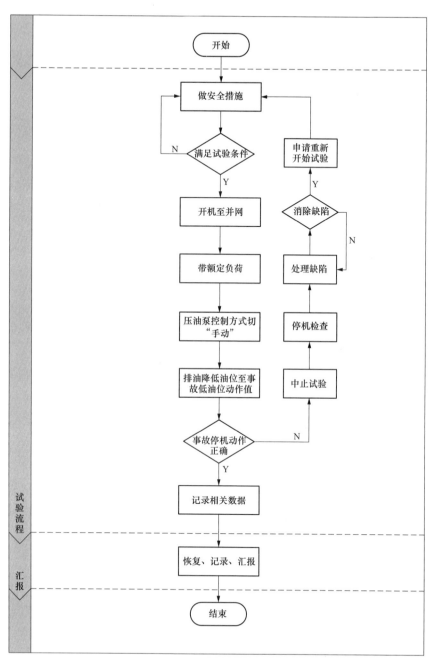

图 3-16　事故低油位试验

九、机组调相试验流程

【试验目的】

机组调相试验是为了检验机组"发电"与"调相"工况转换是否正常。

【试验条件】

（1）主变压器及单元母线正常运行。

（2）检查调相储气罐风压正常，两台低压气机工作正常。

（3）机组在"热备用"。

【流程说明】

（1）机组自动开机至并网

（2）自动由"发电"转为"调相"，监视自动装置的动作情况，并记录当时有功功率、无功功率值和转换过程时间。

（3）自动由"调相"转为"发电"，转换过程中监视自动装置的动作情况，测定转换时间，必要时手动帮助。

（4）自动由"发电"转为"调相"检查调相储气罐风压能否恢复，如风压不能恢复，中止试验，停机检查消缺正常后申请重新开始试验。

（5）自动由"调相"转为"停机"，核对调相停机控制过程正确。

（6）试验结束后，机组恢复备用，并向试验负责人汇报试验结果。

【流程图】

机组调相试验如图 3-17 所示。

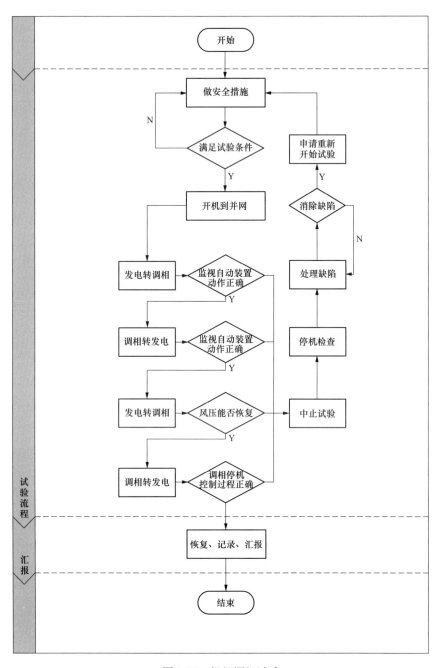

图 3-17　机组调组试验

十、机组进相试验流程

【试验目的】

机组进相试验是为了检验机组进相运行能力。

【试验条件】

（1）主变压器及单元母线正常运行。

（2）机组在"热备用"。

（3）按进相试验工况设定低励磁限制定值（或退出励磁欠励磁限制单元与发电机失磁保护）

【流程说明】

（1）将机组开机至并网。

（2）机组带至100％额定负荷。

（3）降低励磁电流，使功率因数由迟相进入进行，待铁芯温度稳定后，继续加大进相深度，当定子端部铁芯温度与发电机静态稳定极限，任一指标达到，该阶段试验即结束。

（4）记录该阶段发电机电气量、功角、定子绕组、铁芯温度、冷热风温度。

（5）增加励磁电流使发电机迟相运行，准备下一工况的试验。

（6）机组负荷分别带至80％、50％额定负荷，重复流程3～6次。

（7）试验结束后，机组恢复备用，并向试验负责人汇报试验结果。

【流程图】

机组进相试验如图 3-18 所示。

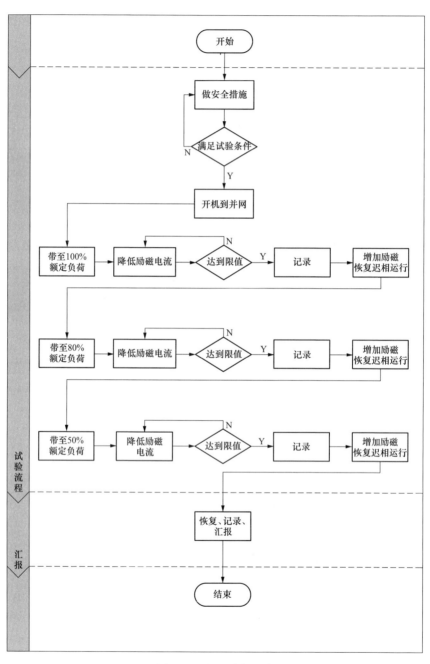

图 3-18 机组进相试验

十一、机组 72h 带负荷试验流程

【试验目的】

机组 72h 带负荷试验是为了检验机组长时间运行的稳定性。

【试验条件】

（1）主变压器及单元母线正常运行。

（2）机组在"热备用"。

【流程说明】

（1）做机组 72h 带负荷试验安全措施，确认满足试验条件。

（2）将机组自动开机至并网。

（3）机组带额定负荷。

（4）在 72h 试运行中，监视并记录机组有功、无功、电流、电压参数及各部摆度振动、温度、压力、流量值。

（5）在 72h 连续试运行中，由于机组及相关机电设备的制造、安装质量或其他原因引起运行中断，经检验处理合格后应重新开始 72h 的连续试运行，中断前后的运行时间不得累加计算。

（6）72h 连续试运行后，应停机改检修，对机组进行全面检查。

（7）试验结束后，机组恢复备用，并向试验负责人汇报试验结果。

【流程图】

机组 72h 带负荷试验如图 3-19 所示。

【提问测试】

（1）假同期试验时，应满足什么试验条件？

（2）机组甩负荷试验需在_____100％额定负荷条件下，分别进行试验。

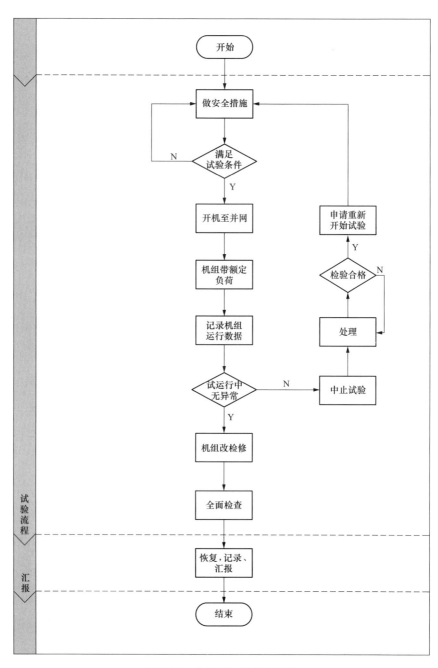

图 3-19　机组 72h 带负荷试验

第四章

典型故障处理工作流程

水电厂发生故障时，运行值班负责人应作出必要的指令，使值班人员处理事故的行动互相配合，尽快限制事故发展，消除事故根源，并解除对人身和设备的危害，用一切可能的办法，保持设备继续运行，将故障处理情况及时汇报调度和有关领导。

如果故障发生在交接班过程中，应停止交接班，交班人员必须坚守岗位处理事故，接班人员应在交班运行值班负责人的指挥下协助交班人员进行事故处理，事故处理告一段落，由交接双方运行值班负责人决定，是否继续进行交接班。

事故处理完毕后，运行值班负责人应将故障发生的经过和事故处理情况如实记录在运行管理系统上。

第一节　机组典型故障处理流程

水轮发电机组是水电厂的核心设备，主要由水轮机和发电机构成，前者的作用是把水的势能和动能转化成旋转机械能，是原动机；后者的作用是把旋转机械能转换成电能。水轮发电机组发生故障将直接影响水电厂的电能输出。一般情况下，水轮发电机组是按容量、上网电压等级、在电网中的重要程度由不同等级的调度管辖，发生影响机组发电出力或备用的故障时，水电厂应迅速组织力量消除故障，并按调度管辖关系及时汇报当值调度。

一、机组自动开机不成功故障处理流程

【故障现象】

发出自动开机命令后，机组没有按预定的流程运转，监控系统发出相应的报警信息。

【故障处理要点】

（1）迅速查明开机条件是否满足。

（2）根据监控系统信息初步判断故障原因。

【故障处理注意事项】

调速器手动运行时，应加强监视。

【流程说明】

（1）汇报。发现机组自动开机不成功时，立即汇报运行值班负责人。

（2）现场检查处理。运行值班负责人指派值班员到现场检查处理。

1）立即检查上位机是否满足允许开机条件，并设法解决，重新开机。

2）检查机组冷却水是否投入，若自动未投入，手动操作投入冷却水，若总水压正常，检查供水管路上的阀门位置是否正常，如有不正常则操作到正常位置。冷却水正常后重新开机。

3）检查调速器控制面板上是否有控制输出，若无输出，可切换到电手动或机械手动开机，开机后控制输出恢复正常，可切回自动运行。若控制输出正常，则为调速器机械部分故障，通知检修处理。

4）系统负荷不紧张后，联系调度停机，通知检修处理。

（3）做好记录工作。在运行管理系统上做好详细记录。

【流程图】

机组自动开机不成功故障处理流程如图 4-1 所示。

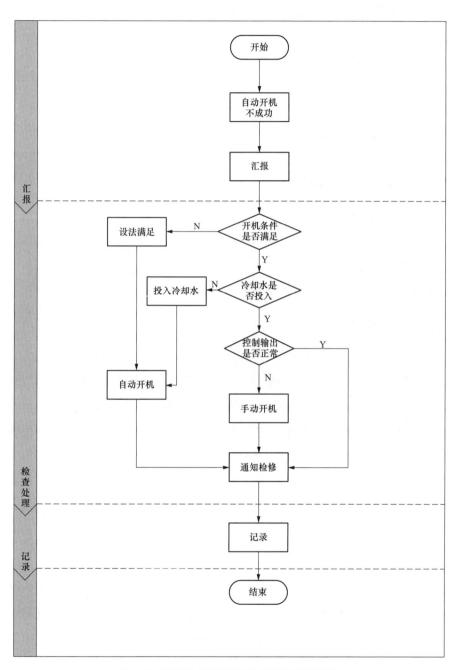

图 4-1 机组自动开机不成功故障处理流程

二、机组冷却水中断故障处理流程

【故障现象】

（1）监控系统出现冷却水中断、冷却水压力（流量）越过下限报警信息，信息窗口有"冷却水中断"光字亮。

（2）一定时间后有温度上升现象。

【故障处理要点】

（1）迅速查明故障原因。

（2）设法恢复冷却水。

（3）冷却水短时不能恢复，应及时联系调度停机。

【故障处理注意事项】

处理过程中严密监视各部温度。

【流程说明】

（1）汇报。发现机组冷却水中断时，立即汇报运行值班负责人。

（2）现场检查处理。运行值班负责人指派值班员到现场检查处理。

1）立即投入备用冷却水；检查备用冷却水不自动投入的原因。

2）检查主用冷却水总水压，若总水压正常，检查供水管路上的阀门位置是否正常，如有不正常则操作到正常位置。

3）若主用冷却水总水压不正常，检查滤过器前后压差，若压差过大，则清扫滤过器。

4）若是电磁阀、水力自控阀等控制阀误关闭，则打开控制阀，并检查误关闭原因，通知检修处理。

5）若供水管路有破裂，冷却水短时不能恢复，应及时联系调度停机，并快速关闭水源侧阀门，切断水源，处理积水，并做好隔离措施，通知检修处理。

（3）做好记录工作。在运行管理系统上做好详细记录。

【流程图】

机组冷却水中断故障处理流程如图 4-2 所示。

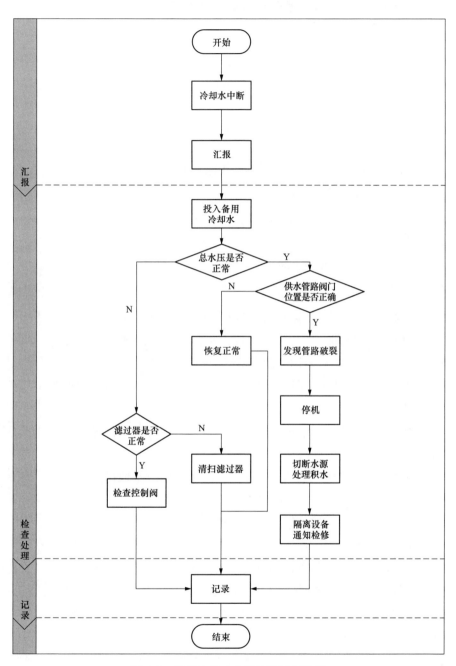

图 4-2　机组冷却水中断故障处理流程

三、机组导轴承轴瓦温度升高故障处理流程

【故障现象】

（1）监控系统发导轴承轴瓦温度越限信号。

（2）轴承温度比正常指示升高 2℃以上并继续升高，油温亦随之升高。

【故障处理要点】

（1）确认温度是否真正升高。

（2）轴瓦温度持续上升时，应联系调度停机。

【故障处理注意事项】

（1）机组运行在振动区引起振动摆度增大，应联系调度调整负荷，避开振动区运行。

（2）轴承是否漏油或进水时采取措施，防止污染下游水体。

【流程说明】

（1）汇报。发现机组导轴承轴瓦温度升高时，立即汇报运行值班负责人。

（2）现场检查处理。运行值班负责人指派值班员到现场检查机组导轴承轴瓦温度升高的原因，同时对轴瓦温度情况加强监视。

1）到现场检查机组 LCU、温度巡测仪、温度保护仪校对温度是否真正升高。

2）检查导轴承油位、油色是否正常。若轴承油位、油色异常导致轴瓦温度持续上升时，应联系调度停机。

3）油位异常时应检查轴承是否漏油或进水，同时采取措施，防止污染下游水体。

4）如油色异常，通知检修人员化验油质。

5）检查冷却水压力、流量压力是否正常，如有不正常，应设法恢复。

6）监听轴承内有无异声，测量机组摆度有无明显增大及异常变化，如是机组运行在振动区引起振动摆度增大，应联系调度调整负荷，避开振动区运行。如机组运行在稳定区域，摆度、声音异常导致轴瓦温度持续上升时，应联系调度停机。

7）测量机组轴电流，若轴电流明显增大导致轴瓦温度持续上升时，应联系调度停机，并化验油质，更换绝缘垫。

8）原因一时无法查明，轴瓦温度持续上升时，应联系调度停机。

（3）做好记录工作。在运行管理系统上做好详细记录。

【流程图】

机组导轴承瓦温度升高故障处理流程如图 4-3 所示。

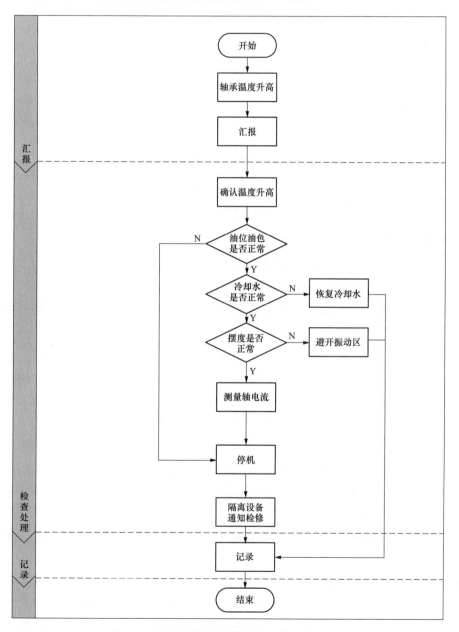

图 4-3　机组导轴承轴瓦温度升高故障处理流程

四、机组压油罐油压过低故障处理流程

【故障现象】

（1）监控系统发压油罐油压越限信号。

（2）监控系统发压油罐油压过低信号。

【故障处理要点】

（1）迅速检查压油泵是否启动。

（2）查明是否存在跑油现象。

（3）设法尽快恢复压油罐油压。

【故障处理注意事项】

（1）油压油位短时不能恢复时，应联系调度停机。

（2）防止漏油进入电站下游造成水体污染事件。

【流程说明】

（1）汇报。巡检或监视发现机组压油罐油压过低时，立即汇报运行值班负责人。

（2）现场检查处理。运行值班负责人指派值班员到现场检查机组压油罐油压下降原因。

1）到现场检查压油泵是否启动，若压油泵在启动状态，检查油泵是否打空泵，若两台压油泵打空泵，则切除两台油泵，尽量保持机组负荷不变减少调速器用油，在油压仍能保证调速器正常工作的前提下，设法恢复压油泵正常工作，若油压不能保证调速器正常工作或压油泵不能恢复正常则停机处理。

2）若压油泵运行正常，检查油管路是否有破裂，如接力器操作油管漏油造成油压迅速下降，应立即进行紧急事故停机（关闸门），并快速关闭压油槽出油阀，切断油源，做好漏油回收工作，防止漏油进入下游尾水造成水体污染事件，做好隔离措施并通知检修处理。

3）若两台压油泵未启动，检查压油泵运行灯是否亮，若运行灯不亮，检查压油泵电源是否正常，控制电源、动力电源空气开关在是否合上，电源回路是否存在问题。确定为电源问题，应恢复设备电源正常。

4）若压油泵运行灯亮，检查两台压油泵切换开关是否在自动位置。若在切除位置，将切换开关切至自动，检查压油泵是否正常运行；若压油泵切换开关在自动位置，尝试手动启动压油泵，若手动启动油泵运行正常，则为自动控制

回路问题，手动启动油泵，恢复油压正常，并停机通知检修处理。

5）若手动启动油泵无法启动，可打开手动补气阀采取补气方式保持油压的措施，注意油气比例（1：2左右），在油位允许的情况下联系调度停机，并做好隔离措施通知检修人员处理。

（3）做好记录工作。在运行管理系统上做好详细记录。

【流程图】

机组压油罐油压过低故障处理流程如图4-4所示。

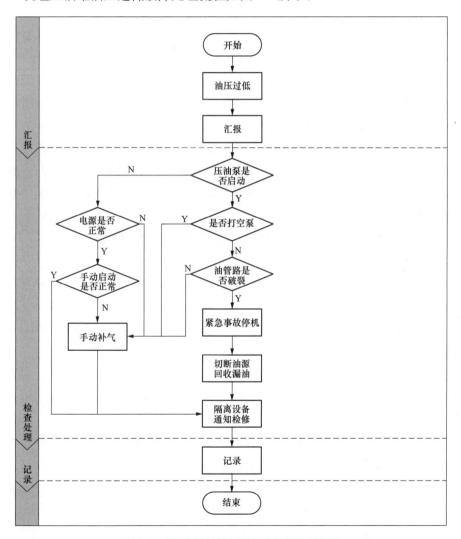

图4-4　机组压油罐油压过低故障处理流程

141

五、机组断路器 SF_6 压力下降处理流程

✿【故障现象】

SF_6 气体气压降至某一规定气压值时，密度监测器发出报警信号。

✿【故障处理要点】

（1）确认机组状态。

（2）断路器气压下降到闭锁压力，用串联断路器解列。

✿【故障处理注意事项】

（1）机组断路器 SF_6 泄漏，应按要求及时向调度汇报。

（2）运行人员接近 SF_6 泄漏设备要谨慎，先通风，必要时要戴正压式呼吸面具。

（3）需检查运行记录，确认 SF_6 气体压力下降速率。

📇【流程说明】

（1）简要汇报。发现机组断路器 SF_6 泄漏时，运行值班负责人立即向上级调度值班员简要汇报。汇报内容包括故障发生的时间、现象、机组状态、断路器 SF_6 气体压力、电网的相关设备潮流、电压、频率的变化等有关情况。原则上简要汇报时间不超过 5min。

（2）现场检查处理。运行值班负责人指派值班员到现场检查。

1）检查机组是否在运行。

2）若机组正在运行中，检查断路器是否因气压下降被闭锁，若还可进行分闸操作，则联系调度，解列停机。

3）若断路器气压下降到闭锁压力，则联系调度，用串联断路器解列，停机。

4）检查最近气体填充后的运行记录，确认 SF_6 气体压力下降速率，若下降速率小于每年 1%，属于气体正常泄漏，隔离设备，通知检修人员补充气体就可恢复运行。

5）若下降速率大于每年 1%，或近期下降速度明显加快，检修人员必须用检漏仪检测，查明泄漏点，处理正常后恢复运行。

（3）详细汇报。将一、二次设备检查处理情况向调度、有关领导详细汇报。

（4）做好记录工作。在运行管理系统上做好详细记录。

✒【流程图】

机组断路器 SF_6 泄漏处理流程如图 4-5 所示。

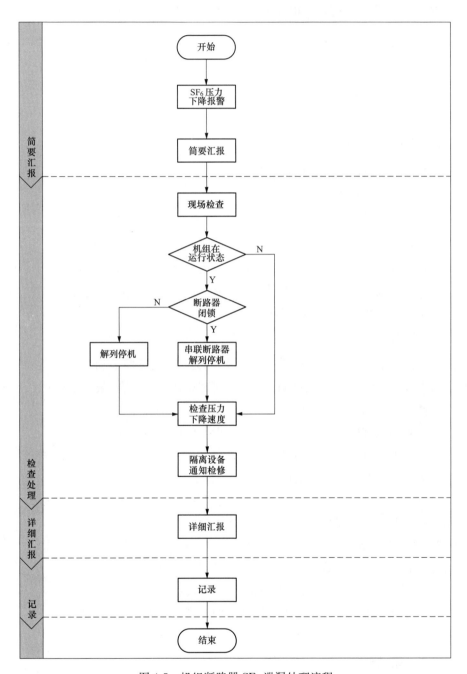

图 4-5 机组断路器 SF_6 泄漏处理流程

六、机组开机过程中 140%n_e 过速保护动作处理流程

【故障现象】

（1）机组有严重的冲击声；

（2）快速闸门落下或主阀关闭；

（3）监控信息窗口有"机械事故"光字亮。

【故障处理要点】

（1）保护范围内的一次设备全面检查。

（2）保护回路检查。

【故障处理注意事项】

（1）机组 140%n_e 过速保护动作，应按要求及时向调度汇报。

（2）进入发电机内部检查前，要做好机组防转动、防触电措施。

（3）一次设备无故障、保护误碰、防动，机组以零起升压方式投入运行前，需经总工程师（或副总工程师）同意。

【流程说明】

（1）简要汇报。发生机组开机过程中 140%n_e 过速保护动作时，运行值班负责人立即向上级调度值班员简要汇报。汇报内容包括故障发生的时间、现象等有关情况。原则上简要汇报时间不超过 5min。

（2）现场检查处理。运行值班负责人指派值班员到现场检查。

1）到 LCU 屏检查保护动作信息，检查快速闸门自动落下或主阀关闭，动作不良时手动帮助。监视机组停机正常。

2）机组停稳后，应通知检修对调速系统及过速 140%n_e 保护进行检查，查明原因并处理。做好安全措施，对机组进行全面检查。

3）如机组无异常，工作门已在提起位置，经总工程师（或副总工程师）同意后，可启动机组到空载开度，测量摆度正常，方可并入系统。

4）如发现机组有异常，应处理正常后方可复役。

（3）详细汇报。将设备检查处理情况向调度、有关领导详细汇报。

（4）做好记录工作。在运行管理系统上做好详细记录。

【流程图】

机组开机过程中 140%n_e 过速保护动作处理流程如图 4-6 所示。

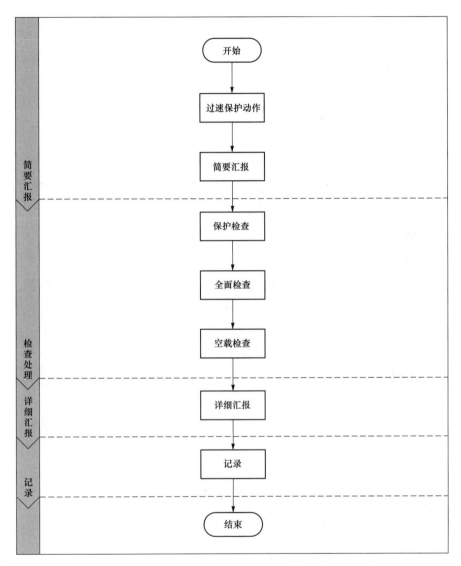

图 4-6　机组开机过程中 $140\%n_e$ 过速保护动作处理流程

七、机组运行过程中差动保护动作故障处理流程

【故障现象】

（1）机组有严重的冲击声、断路器跳闸、灭磁、停机。

（2）发电机断路器跳闸，常测表计瞬时冲击后指示到零。

（3）监控信息窗口有"电气事故"和"保护动作"光字亮，现场保护屏纵差（或横差）出口指示信号。

【故障处理要点】

（1）对保护范围内的一次设备进行全面检查。

（2）对保护回路进行检查。

【故障处理注意事项】

（1）机组差动保护动作，应按要求及时向调度汇报。

（2）进入发电机内部检查前，要做好机组防转动、防触电措施。

（3）一次设备无故障、保护误碰、误动，机组以零起升压方式投入运行前，需经总工程师（或副总工程师）同意。

【流程说明】

（1）简要汇报。发生机组差动保护动作时，运行值班负责人立即向上级调度值班员简要汇报。汇报内容包括故障发生的时间、现象、跳闸的断路器、电网的相关设备潮流、电压、频率的变化等有关情况。原则上简要汇报时间不超过5min。

（2）现场检查处理。运行值班负责人指派值班员到现场检查。

1）到保护盘检查保护动作信息。

2）对保护范围内的一次设备（包括发电机内部）进行全面检查，有无明显或可疑的短路痕迹。若有，则隔离故障点，做好安全措施，并通知检修处理。

3）若无明显故障，测量发电机三相绝缘电阻。若绝缘电阻不合格，做好安全措施，并通知检修处理。

4）发电机三相绝缘电阻合格，检查无明显故障，绝缘电阻测量合格，经总工程师（或副总工程师）同意，进行零起升压，正常后继续运行。

5）查明保护是否误碰、误动，经总工程师（或副总工程师）同意，停用误动的差动保护，机组以零起升压方式投入运行。

（3）详细汇报。将一、二次设备检查处理情况向调度、有关领导详细汇报。

（4）做好记录工作。在运行管理系统上做好详细记录。

【流程图】

机组差动保护动作处理流程如图4-7所示。

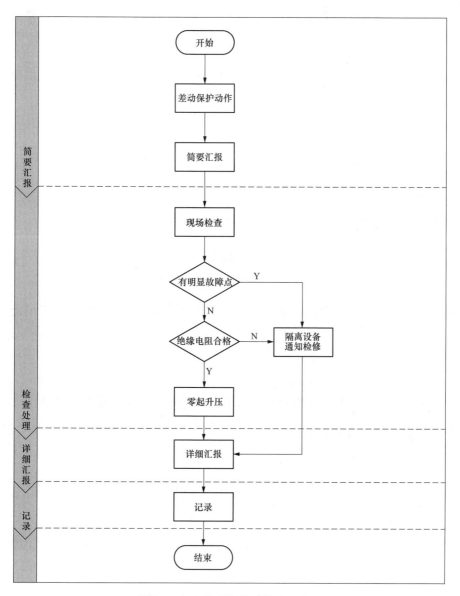

图 4-7 机组差动保护动作处理流程

八、机组过电压保护动作处理流程

【故障现象】

（1）机组有严重的冲击声、断路器跳闸、灭磁、停机。

（2）发电机电压上升至于 13.7kV（额定电压 10.5kV）以上，其他常测表计瞬时冲击后指示到零。

（3）监控信息窗口有"电气事故"和"保护动作"光字亮，现场保护屏出口指示信号。

【故障处理要点】

（1）查明过电压原因。

（2）保护回路检查。

【故障处理注意事项】

（1）机组过电压保护动作，应按要求及时向调度汇报。

（2）进入发电机内部检查前，要做好机组防转动、防触电措施。

（3）停用误动的过电压保护，机组以零起升压方式投入运行前，需经总工程师（或副总工程师）同意。

【流程说明】

（1）简要汇报。发生机组过电压保护保护动作时，运行值班负责人立即向上级调度值班员简要汇报。汇报内容包括故障发生的时间、现象等有关情况。原则上简要汇报时间不超过 5min。

（2）现场检查处理。运行值班负责人指派值班员到现场检查。

1）到保护屏检查保护动作信息，监视机组停机正常。

2）如果发电机甩负荷、转速升高而引起的，可根据系统需要，仍可启动机组恢复送电。

3）如果属于保护误动，则停用该保护，机组仍可恢复运行。

（3）详细汇报。将设备检查处理情况向调度和有关领导详细汇报。

（4）做好记录工作。在运行管理系统上做好详细记录。

【流程图】

机组过电压保护动作处理流程如图 4-8 所示。

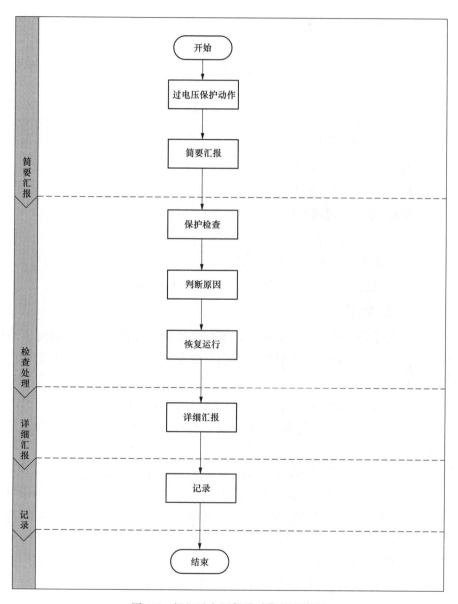

图 4-8　机组过电压保护动作处理流程

九、发电机着火处理流程

【故障现象】

（1）发电机盖板不严密处冒烟，有绝缘焦糊味。机组有严重的冲击，纵差或横差保护动作，机组断路器跳闸、灭磁、停机。

（2）监控信息窗口有"电气事故"和"保护动作"光字亮，现场保护屏纵差（或横差）出口指示信号。

（3）消防装置报警。

【故障处理要点】

（1）确认发电机确实着火。

（2）确认发电机具备灭火条件后，投入水喷淋灭火系统。

【故障处理注意事项】

（1）不准备破坏密封。

（2）不准备用沙子和泡沫灭火器灭火。

（3）进入风洞检查，机组应改检修，并戴正压式防毒面具。

【流程说明】

（1）简要汇报。发生机组着火时，运行值班负责人立即向上级调度值班员简要汇报。汇报内容包括故障发生的时间、现象等有关情况。原则上简要汇报时间不超过 5min。

（2）现场检查处理。运行值班负责人指派值班员到现场检查。

1）从发电机风洞缝隙处看到冒出烟雾、火星，闻到有烧焦糊味，确认发电机确实着火。

2）机组保护未启动停机，应人为启动机组紧急解列、灭磁、停机。

3）确认发电机无电压，具备灭火条件后，由运行值班负责人下令投入水喷淋灭火系统，水喷淋灭火系统投入后，做好在水车室增加临时排水设施的准备工作。

4）通知消防部门。

5）监视机组停机过程。

（3）详细汇报。将设备检查处理情况向调度、有关领导详细汇报。

（4）做好记录工作。在运行管理系统上做好详细记录。

【流程图】

发电机着火处理流程如图 4-9 所示。

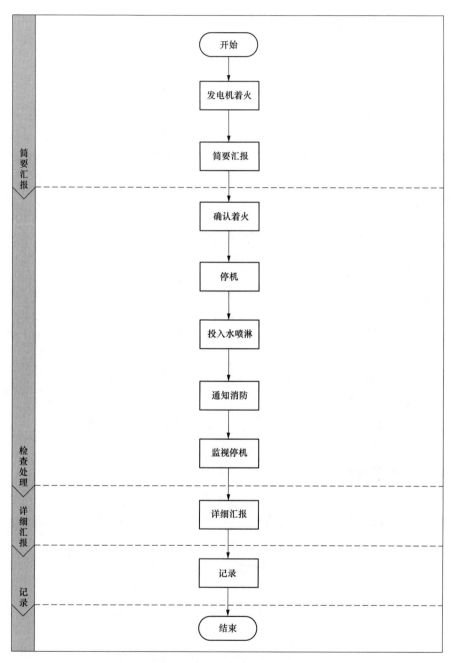

图 4-9　发电机着火处理流程

【提问测试】

（1）机组故障后进入内部检查要注意什么？

（2）哪些类型机组故障需考虑环保因素？

第二节　主变压器典型故障处理流程

水电厂的主变压器是将发电机出口电压升到高压（常见为 220kV 或 500kV）的关键设备，主要任务是升压，目的是减小输电线路电流，减少电能损耗。接线方式分为"一机一变"或"多机一变"。主变压器的保护通常由电气量保护及非电量保护共同构成。

一、主变压器隔离开关动、静触头过热处理流程

【故障现象】

触头温度升高。

【故障处理要点】

（1）确认发热程度。

（2）转移负荷。

【故障处理注意事项】

（1）用绝缘棒推触头时，须选用相应电压等级的绝缘棒，注意力度。

（2）过热情况持续无改善时，应停电处理。

【流程说明】

（1）简要汇报。发生主变压器隔离开关动、静触头过热时，运行值班负责人立即向上级调度值班员简要汇报。汇报内容包括故障发生的时间、现象、电网的相关设备潮流等有关情况。原则上简要汇报时间不超过 5min。

（2）现场检查处理。运行值班负责人立即指派值班员到现场检查。

1）检查主变压器负荷，尽量转移负荷，以减少发热。

2）使用红外测温进行温度检测，精准判断实际的发热程度。

3）进行隔离开关外表检查，如果是导电部分接触不良、合闸不到位，刀口和触头变色，则可用相应电压等级的绝缘棒进行推足，改善接触情况。但用力不能过猛，以防滑脱反而使事故扩大。此外事后应观察其过热情况，加强监视。如隔离开关已全部烧红，禁止使用该方法。

4）如果过热情况持续无改善时，隔离故障点，做好安全措施，通知检修处理。

（3）详细汇报。将设备检查处理情况向调度、有关领导详细汇报。

（4）做好记录工作。在运行管理系统上做好详细记录。

【流程图】

主变压器隔离开关动静触头过热处理流程如图 4-10 所示。

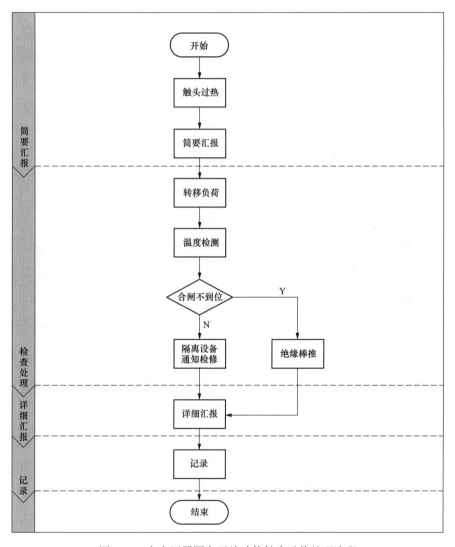

图 4-10　主变压器隔离开关动静触头过热处理流程

153

二、主变压器油温升高处理流程

【故障现象】

主变压器油温度升高。

【故障处理要点】

（1）确认油温是否确实升高。

（2）转移负荷。

（3）油温持续上升，短时无法处理时，应联系调度停电。

【故障处理注意事项】

（1）油温在允许范围内，主变压器可在规定的负荷和时间内短时过载。

（2）如主变压器有漏油，须采取措施，防止污染下游水体。

【流程说明】

（1）汇报。发生主变压器升高时，应立即汇报运行值班负责人。

（2）现场检查处理。运行值班负责人指派值班员到现场检查。

1）检查温度计是否正常，不同温度计表计指示数值是否一致，若是温度计异常，通知检修处理。

2）检查主变压器负荷，如是变压器过载，应密切监视油温，检查辅助冷却器是否投入运行，必要时降低负荷电流。

3）检查冷却器是否运行正常，若不正常，投入备用冷却器。

4）油位是否过低，若是油位下降，查明漏油点，停电后补油。

5）如以上检查均正常，而温度继续上升，变压器外壳温度确比平时较显著升高，则应停电检查处理。

（3）做好记录工作。在运行管理系统上做好详细记录。

【流程图】

主变压器油温升高处理流程如图 4-11 所示。

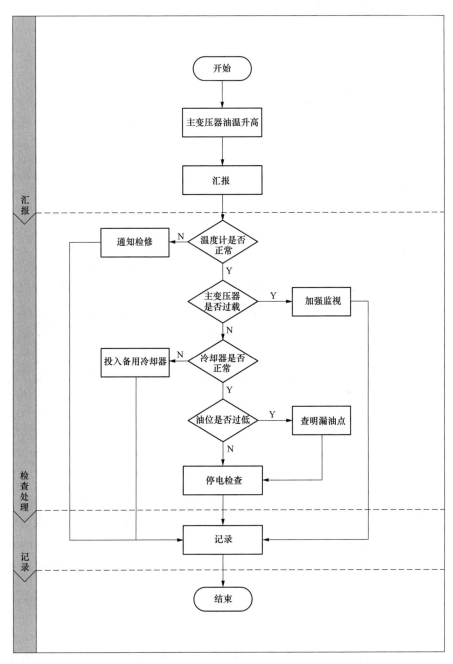

图 4-11 主变压器油温升高处理流程

三、主变压器重瓦斯保护动作处理流程

✪【故障现象】

（1）语音报警，上位机推出事故画面，"主变压器重瓦斯保护动作""220kV故障录波器动作"光字牌亮。

（2）主变压器各侧断路器跳闸，功率、电流读数到零。

（3）机组有冲击。

✪【故障处理要点】

（1）检查主变压器本体。

（2）保护回路检查。

✪【故障处理注意事项】

（1）在规定的时间内向调度汇报，汇报内容符合调度要求。

（2）差动和重瓦斯保护同时动作，属主变压器内部故障，应立即做好隔离措施，通知检修人员检查处理。在查明原因消除故障前不得将主变压器投入运行。

（3）停用误动的重瓦斯保护，以零起升压方式投入运行前，需经总工程师（或副总工程师）同意。

（4）停用误动的重瓦斯保护，以零起升压方式投入运行时，差动保护必须投入。

（5）注意其他主变压器的中性点运行方式。

（6）注意厂用电运行方式。

（7）主变压器本体喷油、漏油时，应采取措施，防止污染下游水体。

📑【流程说明】

（1）简要汇报。发生主变压器重瓦斯保护动作时，运行值班负责人立即向上级调度值班员简要汇报。汇报内容包括故障发生的时间、现象、跳闸的断路器、电网的相关设备潮流、电压、频率的变化等有关情况。原则上简要汇报时间不超过5min。

（2）现场检查处理。运行值班负责人指派值班员到现场检查。

1）到保护屏检查保护动作信息。

2）拉开主变压器各侧隔离开关，对主变压器本体进行全面检查，检查主变压器有无喷油、损坏等明显故障现象。若有，隔离故障主变压器，做好安全措施，通知检修处理。

3）检查气体保护有无气体，保护回路是否正常。

4）测量变压器绝缘电阻，直流电阻，油质化验。

5）查明保护是误碰、误动，经总工程师（或副总工程师）同意，停用误动的重瓦斯保护，在差动保护投入的情况下，以零起升压方式投入运行。

（3）详细汇报。将一、二次设备检查处理情况向调度、有关领导详细汇报。

（4）做好记录工作。在运行管理系统上做好详细记录。

【流程图】

主变压器重瓦斯保护动作处理流程如图 4-12 所示。

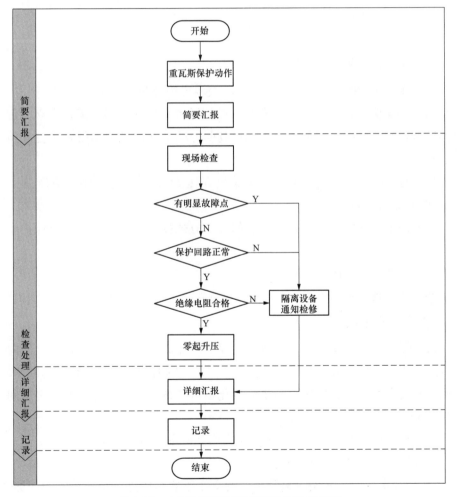

图 4-12　主变压器重瓦斯保护动作处理流程

四、主变压器差动保护动作故障处理流程

🗙【故障现象】

（1）语音报警，上位机推出事故画面，"主变压器差动保护动作""220kV 故障录波器动作"光字牌亮。

（2）主变压器各侧断路器跳闸，功率、电流读数到零。

（3）机组有冲击。

🗙【故障处理要点】

（1）检查保护范围内一次设备。

（2）保护回路检查。

🗙【故障处理注意事项】

（1）在规定的时间内向调度汇报，汇报内容符合调度要求。

（2）差动保护和重瓦斯保护同时动作，属主变压器内部故障，应立即做好隔离措施，通知检修人员检查处理。在查明原因消除故障前不得将主变压器投入运行。

（3）停用误动的差动保护，以零起升压方式投入运行前，需经总工程师（或副总工程师）同意。

（4）停用误动的差动保护，以零起升压方式投入运行时，重瓦斯保护必须投入。

（5）注意厂用电运行方式。

（6）注意其他主变压器的中性点运行方式。

📑【流程说明】

（1）简要汇报。发生主变压器差动保护动作时，运行值班负责人立即向上级调度值班员简要汇报。汇报内容包括故障发生的时间、现象、跳闸的断路器、电网的相关设备潮流、电压、频率的变化等有关情况。原则上简要汇报时间不超过 5min。

（2）现场检查处理。运行值班负责人指派值班员到现场检查。

1）到保护屏检查保护动作信息。

2）拉开主变压器各侧隔离开关，对主变压器本体进行全面检查，如油温、油色、防爆管、瓷套管等，同时检查差动保护范围内的一次设备，如引线、母线、避雷器等进行全面检查，有无明显或可疑的短路痕迹。若有，隔离故障点，

做好安全措施，通知检修处理。

3）对差动保护回路进行检查。

4）测量变压器绝缘电阻，直流电阻，油质化验。

5）查明保护是误碰、误动，经总工程师（或副总工程师）同意，停用误动的差动保护，在重瓦斯保护投入的情况下，以零起升压方式投入运行。

6）若不能判断为外部原因，需对主变压器进行更进一步的检查分析，确定故障性质，不得强送。

（3）详细汇报。将一、二次设备检查处理情况向调度、有关领导详细汇报。

（4）做好记录工作。在运行管理系统上做好详细记录。

【流程图】

主变压器差动保护动作处理流程如图 4-13 所示。

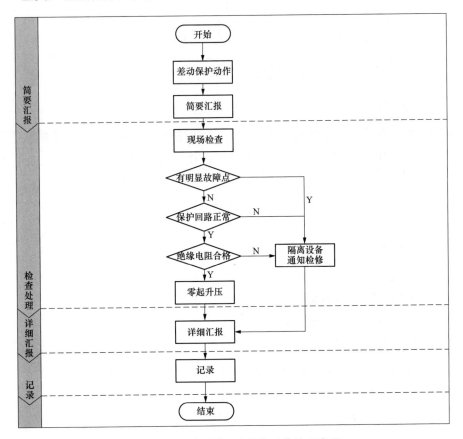

图 4-13 主变压器差动保护动作处理流程

【提问测试】

（1）主变压器故障处理需要退出运行要先取得调度同意，是否正确？

（2）处理主变压器故障需考虑哪些相关设备运行方式？

第三节　高压母线及线路典型故障处理流程

水电厂高压母线的作用是汇聚和分配电流，常见电压等级为 220kV 或 500kV，接线方式常见的有单母线、双母线等。输电线路是水电站向外输送电能的通道，由于水电站一般处于山区，其输电线路常面临各种复杂地理环境和气候环境的影响，故障概率较高。高压母线、输电线路发生故障，将严重阻碍水电站电能输送，影响电力系统潮流分布，威胁电网安全运行。

本节以某电厂 220kV 母线及线路为例，主接线方式为双母线接线，接有三台主变压器和三条线路，双母线通过母联断路器相连。

一、线路重合闸不成功处理流程

【故障现象】

（1）语音报警，上位机推出事故画面，"线路微机保护动作""线路第一套套高频保护动作""线路第二套高频重合闸动作""220kV 故障录波器动作"光字牌亮。

（2）线路断路器绿灯亮，功率、电流读数到零。

（3）机组有冲击。

【故障处理要点】

（1）恢复全相运行。

（2）调整机组有功和无功。

（3）由调度决定零升或强送。

【故障处理注意事项】

（1）在规定的时间内向调度汇报，汇报内容符合调度要求。

（2）零升或强送时，停用重合闸装置。

【流程说明】

（1）简要汇报。发生 220kV 线路故障跳闸重合闸不成功时，运行值班负责人立即向上级调度值班员简要汇报。汇报内容包括故障发生的时间、现象、跳闸的断路器、电网的相关设备潮流、电压、频率的变化等有关情况。原则上简要汇报时间不超过 5min。

（2）现场检查。运行值班负责人指派值班员到现场检查一、二次设备情况。包括现场工作，现场天气，断路器位置、压力、外观，隔离开关、电流互感器、电压互感器等一次设备状况，保护具体动作情况，重合闸装置动作情况，录波器动作情况，保护和录波器故障测距、故障电流等。

（3）详细汇报。值班员现场检查后，将结果详细汇报运行值班负责人，运行值班负责人向上级调度值班员详细汇报。汇报内容包括现场一、二次设备检查情况，设备能否运行的结论，处置建议以及现场工作和天气情况。原则上详细汇报时间不超过 15min。

（4）故障处理。

1）若重合闸装置动作，断路器操动机构拒动引起拒合，应迅速拉合直流一次，联系调度确定对侧断路器重合成功后，允许手动合闸一次，恢复全相运行。无法恢复时，应将该线路断路器拉开。

2）根据当时的运行方式，迅速调整机组有功和无功，保持系统周波和电压正常。未跳闸线路按不超过稳定极限监视输送功率，如线路已超稳定极限，应降低机组出力，并汇报调度。

3）如线路断路器或保护不正常，尽快作好停用本线路断路器的准备工作。

4）如对侧已充电过来，检查线路同期正常，可不等调度通知立即并网送电。并检查三相电流平衡。

5）如调度命令本侧强送，在线路保护信号复归，断路器正常的情况下试送电（强送时应停用重合闸装置）。

6）如条件允许，由调度决定是否对线路零起升压（重合闸装置应停用）。

7）强送或零升失败，按调度命令将线路改为检修。

（5）做好记录工作。在运行管理系统上做好详细记录。

【流程图】

线路重合闸不成功处理流程如图 4-14 所示。

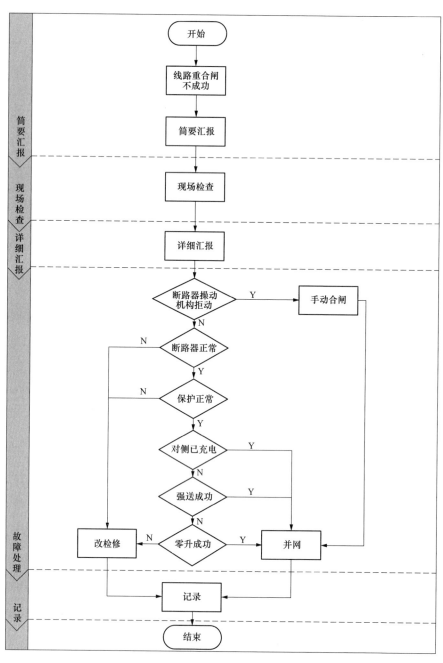

图 4-14 线路重合闸不成功处理流程

二、线路重合闸成功处理流程

【故障现象】

（1）语音报警，上位机推出事故画面，"线路微机保护动作""线路第一套套高频保护动作""线路第二套高频重合闸动作""220kV 故障录波器动作"光字牌亮。

（2）线路断路器红灯亮。

（3）机组有冲击。

【故障处理要点】

（1）检查一次设备。

（2）检查保护回路。

【故障处理注意事项】

在规定的时间内向调度汇报，汇报内容符合调度要求。

【流程说明】

（1）简要汇报

发生 220kV 线路故障跳闸重合闸成功时，运行值班负责人立即向上级调度值班员简要汇报。汇报内容包括故障发生的时间、现象、跳闸的断路器、电网的相关设备潮流、电压、频率的变化等有关情况。原则上简要汇报时间不超过 5min。

（2）现场检查

运行值班负责人指派值班员到现场检查一、二次设备情况。包括现场工作，现场天气，断路器位置、压力、外观，隔离开关、电流互感器、电压互感器等一次设备状况，保护具体动作情况，重合闸装置动作情况，录波器动作情况，保护和录波器故障测距、故障电流等。

（3）值班员现场检查后，将结果详细汇报运行值班负责人，运行值班负责人向上级调度值班员详细汇报。汇报内容包括现场一、二次设备检查情况，设备能否运行的结论，处置建议以及现场工作和天气情况。原则上详细汇报时间不超过 15min。

（4）做好记录工作。

在运行管理系统上做好详细记录。

【流程图】

线路重合闸成功处理流程如图 4-15 所示。

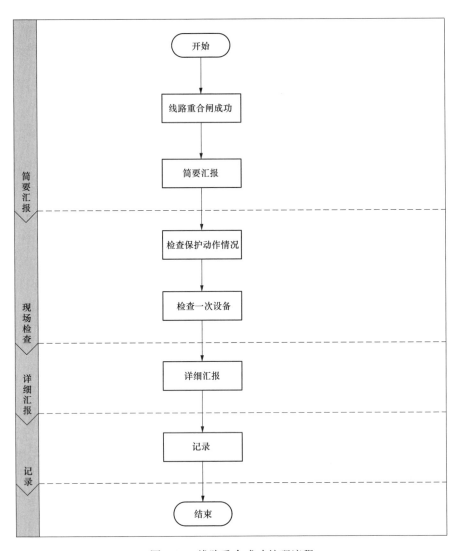

图 4-15　线路重合成功处理流程

三、220kV 正（副）母线失压故障处理流程

【故障现象】

语音报警，上位机推出事故画面，"220kV 正（副）母线失压"光字牌亮。

【故障处理要点】

（1）判断是否真正失压。

（2）母线真正失压时，则按调度规程规定应立即拉开失压母线上的所有连接断路器。

（3）检查母线电压互感器电压回路。

【故障处理注意事项】

（1）在规定的时间内向调度汇报，汇报内容符合调度要求。

（2）注意220kV正常运行母线和机组运行情况，发现过载应及时调整机组出力。

（3）注意厂用电运行方式。

【流程说明】

（1）简要汇报。发生220kV线路故障跳闸重合闸不成功时，运行值班负责人立即向上级调度值班员简要汇报。汇报内容包括故障发生的时间、现象、跳闸的断路器、电网的相关设备潮流、电压、频率的变化等有关情况。原则上简要汇报时间不超过5min。

（2）现场检查。运行值班负责人指派值班员到现场检查一、二次设备情况。包括现场工作，现场天气，断路器位置、压力、外观，隔离开关、电流互感器、电压互感器等一次设备状况，保护具体动作情况，重合闸装置动作情况，录波器动作情况，保护和录波器故障测距、故障电流等。

（3）详细汇报。值班员现场检查后，将结果详细汇报运行值班负责人，运行值班负责人向上级调度值班员详细汇报。汇报内容包括现场一、二次设备检查情况，设备能否运行的结论，处置建议以及现场工作和天气情况。原则上详细汇报时间不超过15min。

（4）故障处理。

1）首先可根据如所在母线的电压（电流）表、运行线路的电压（电流）表、系统频率等相关现象是否正常来判断是否真正失压。

2）若为母线真正失压，则按调度规程规定应立即拉开失压母线上的所有连接断路器，查明失压原因，同时注意厂用电的情况，并按调度命令进行事故处理。

3）若为母线假失压（主要看电流表指示不为零），则检查是否由于电压互感器空气开关跳开，若空气开关在跳开，可自动合一次，若再次跳开或属电压回路断线和短路故障，且故障一时无法消除，应将设备倒至正常母线运行，并通知检修尽快处理。

165

4）若为母线假失压且母线电压互感器空气开关在合，检查有关保护电压回路正常，将设备倒至正常母线运行，通知检修尽快处理。

（5）做好记录工作。在运行管理系统上做好详细记录。

【流程图】

220kV 母线失压处理流程如图 4-16 所示。

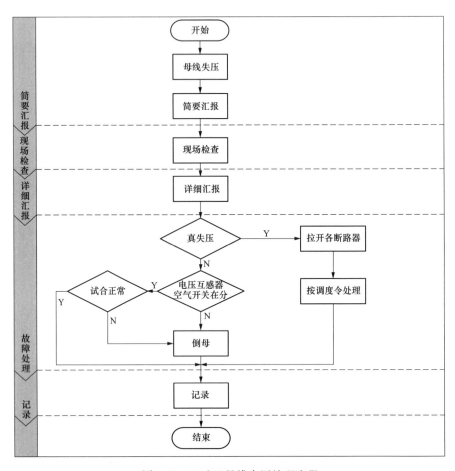

图 4-16 220kV 母线失压处理流程

四、220kV 母线差动保护动作故障处理流程

【故障现象】

（1）语音报警，上位机推出事故画面，"220kV 第一（二）套母差动作"

"220kV 故障录波器动作"光字牌亮。

（2）220kV 故障母线上所有设备的断路器全部跳闸，断路器绿灯亮，功率表、电流表指示到零。

（3）220kV 故障母线电压表，频率表指示到零。

（4）机组有冲击。

【故障处理要点】

（1）检查保护范围内所有一次设备。

（2）检查母线差动保护回路。

（3）隔离故障点。

【故障处理注意事项】

（1）在规定的时间内向调度汇报，汇报内容符合调度要求。

（2）对停电母线恢复送电时，原则上采用零起升压方式。

（3）注意 220kV 正常运行母线和机组运行情况，发现过载应及时调整机组出力。

（4）注意厂用电运行方式。

【流程说明】

（1）简要汇报。发生 220kV 母线差动保护动作时，运行值班负责人立即向上级调度值班员简要汇报。汇报内容包括故障发生的时间、现象、跳闸的断路器、电网的相关设备潮流、电压、频率的变化等有关情况。原则上简要汇报时间不超过 5min。

（2）现场检查。运行值班负责人指派值班员到现场检查一、二次设备情况。包括现场工作，现场天气，断路器位置、压力、外观，隔离开关、电流互感器、电压互感器等一次设备状况，保护具体动作情况，重合闸装置动作情况，录波器动作情况，保护和录波器故障测距、故障电流等。

（3）详细汇报。值班员现场检查后，将结果详细汇报运行值班负责人，运行值班负责人向上级调度值班员详细汇报。汇报内容包括现场一、二次设备检查情况，设备能否运行的结论，处置建议以及现场工作和天气情况。原则上详细汇报时间不超过 15min。

（4）故障处理。

1）立即对 220kV 故障母线的母线差动保护范围内的一次设备进行检查，并通知检修人员检查母线差动保护装置。如为电流互感器，电压互感器故障或爆炸，必须迅速隔离电流互感器、电压互感器的二次侧。如电流互感器、电压互感器爆炸起火，应立即向厂消防部门报警，在确知故障母线已脱离所有电源的前提下，立即按电气设备和油类着火规定进行灭火，并隔离设备，通知检修人员检修。

2）故障隔离后，将正常设备倒至正常母线运行。

3）如属母线差动保护误动，应通知检修人员检查处理，试验正常后，恢复送电。

4）故障点隔离后或母线差动保护误动处理后，对停电母线恢复送电时，原则上采用零起升压方式，如条件不允许，可用 220kV 母联断路器对故障母线试送一次。试送前，220kV 母线差动保护须退出运行，母联充电保护投入跳闸位置。

（5）做好记录工作。在运行管理系统上做好详细记录。

【流程图】

220kV 母线母差保护动作故障处理流程如图 4-17 所示。

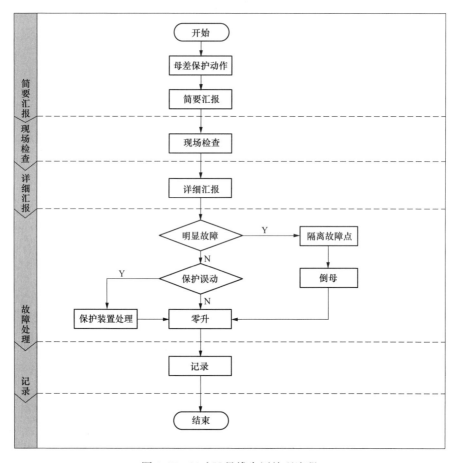

图 4-17　220kV 母线失压处理流程

【提问测试】

（1）请说出线路重合闸成功与线路重合闸不成功处理流程的不同之处。

（2）处理线路故障需考虑哪些相关设备运行方式？

第四节　直流系统典型故障处理流程

直流系统是水电厂非常重要的组成部分，它的主要任务就是给自动装置、继电保护装置、断路器操作、各类信号回路提供电源。直流系统的正常运行与否，关系到自动装置、继电保护及断路器能否正确动作，会影响水电厂乃至整个电网的安全运行。

一、直流一段失电处理流程

【故障现象】

（1）语音报警。

（2）监控系统发出直流失电信号。

【故障处理要点】

（1）倒换负荷。

（2）隔离故障点，恢复正常供电。

【故障处理注意事项】

倒换负荷过程中，注意防止两段母线通过双路负荷的下级空气开关并联。

【流程说明】

（1）汇报。发现直流一段失电时，立即汇报运行值班负责人。

（2）现场检查处理。运行值班负责人指派值班员到现场检查处理。

1）将故障段负荷倒换到正常段运行。

2）检查直流一段失电的原因，若是蓄电池组故障，可以将两段直流母线并联运行，隔离蓄电池组，通知检修处理。

3）若是充电装置故障，投入备用充电装置故障，母线隔离故障的充电装置故障，通知检修处理。

4）若是直流母线故障，隔离母线，通知检修处理。

（3）做好记录工作。在运行管理系统上做好详细记录。

【流程图】

直流一段失电故障处理流程如图 4-18 所示。

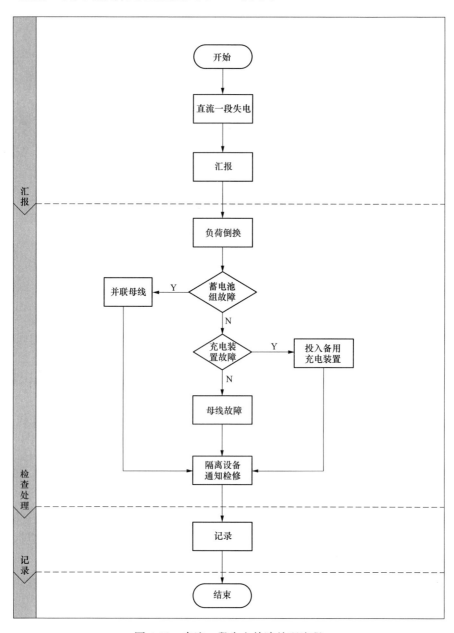

图 4-18　直流一段失电故障处理流程

二、直流系统接地处理流程

【故障现象】

（1）语音报警。

（2）监控系统发出直流系统接地信号。

【故障处理要点】

（1）根据当时各种实际情况，先了解直流回路是否有人工作或漏水造成。

（2）先选次要负荷，后选重要负荷。

（3）先选支路负荷，后选总负荷。

（4）选完负荷后再选母线、电源。

【故障处理注意事项】

（1）在选择调度管辖设备的保护操作电源时，应事先取得调度许可。

（2）拉合各支路操作回路时，可能会引起误动的保护，应短时解除。

（3）选择直流接地点，应逐路选择操作，不允许同时断开两条及以上支路电源。

（4）查找直流一极接地时，防止引起另一点接地，以防引起自动装置、保护装置误动或拒动。

【流程说明】

（1）汇报。发现直流系统接地时，立即汇报运行值班负责人。

（2）现场检查处理。运行值班负责人指派值班员到现场检查处理。

1）用绝缘检查切换开关测量或通过液晶屏查看正、负母线对地电压，判断故障性质及极性。

2）查看各段的电阻、电流的变化情况，确定故障支路，瞬时拉合负荷开关，查找故障点。

3）如接地点不在负荷侧，则应对直流母线、蓄电池和整流装置进行选择。

4）接地点选出后隔离，通知检修处理。

（3）做好记录工作。在运行管理系统上做好详细记录。

【流程图】

直流接地故障处理流程如图 4-19 所示。

171

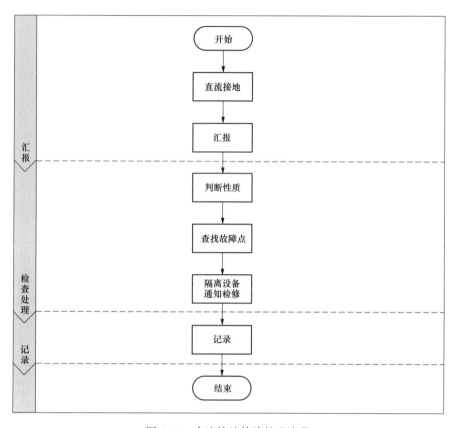

图 4-19　直流接地故障处理流程

【提问测试】

（1）查找直流接地故障点要注意什么？

（2）故障处理后在值班日志上需记录哪些内容？

第五节　其他典型故障处理流程

通常水电机组具备黑启动能力，且启动速度快，是电网大面积解列后最重要的黑启动电源。开机保厂用电源是水电机组对电网黑启动最为重要的一个环节。水淹厂房处理不及时，极有可能发展为水电厂灾难性事故。水电厂处处都有各种电压等级的电源，触电是水电厂最有可能发生的人身伤害事件之一。

一、开机保护厂用电源处理流程

☒【故障现象】

（1）水电厂各电压等级母线电压消失。

（2）备用厂用电源不可用。

☒【故障处理要点】

（1）根据当时实际情况，选择开机保护厂用电源的机组。

（2）确认开机过程中油压装置、直流电源的可靠性。

☒【故障处理注意事项】

（1）优先选择备用厂用电源，确认备用厂用电源带厂用电运行条件已不能满足，才选择开机保护厂用电源。

（2）注意主变压器高低压断路器的实际状态。

📭【流程说明】

以1号机开机供1号厂用变压器带厂用电运行为例。

（1）汇报。发现厂用电消失时，立即汇报运行值班负责人。

（2）开机保护厂用电源准备

1）确认系统电源消失引起厂用电源消失，且备用厂用电源带厂用电源运行条件已不能满足。

2）将厂用电源改由1号厂用变压器带厂用电Ⅰ、Ⅱ段联络运行的运行方式（厂用电源自动切换装置退出）。

3）拉开1号厂用变压器高压断路器。

（3）开机保厂用电源准备。

1）放上1号机组对主变压器零升压板5LP；进入1号发电机励磁调节器柜人机界面"画面选择→运行方式设置"画面，将"网压跟踪"退出；执行1号机空转开机令，监视机组转速90％以上；合上1号发电机断路器；进入1号发电机励磁调节器柜人机界面"启励操作"画面，按"启励"触摸条5s以上，监视电压升至额定值，取下1号机对主变压器零升压板5LP，将"网压跟踪"投入。

2）合上1号厂用变压器高压断路器。

3）检查厂用电源由1号厂用变压器带Ⅰ、Ⅱ段运行正常、电压正常；监视机组运行状况（频率、电压），使之符合要求，确保厂用电源运行正常。

（4）做好记录工作。在运行管理系统上做好详细记录。

💊【流程图】

开机保厂用电源流程如图 4-20 所示。

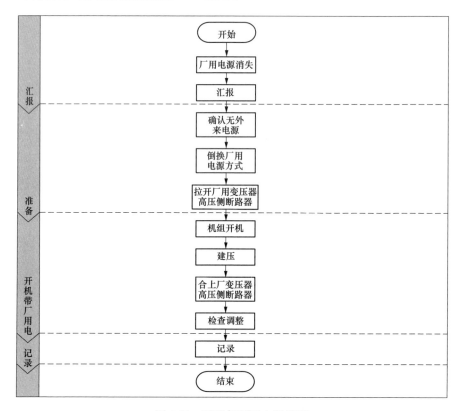

图 4-20　开机保厂用电源流程

二、水淹厂房处理流程

✪【故障现象】

（1）语音报警。

（2）监控系统发出水淹厂房信号。

✪【故障处理要点】

（1）疏散人员，维持现场秩序。

（2）切断或限制漏水源，隔离故障点和故障设备。

（3）隔离水淹设备。

（4）采取一切措施保证厂房排水通畅。

【故障处理注意事项】

（1）尽可能防止运行设备过水。

（2）人员涉水时，防止触电等人身伤害事件的发生。

【流程说明】

（1）汇报。发现水淹厂房时，立即汇报运行值班负责人。

（2）先期处置。

1）当值运行值班负责人应迅速组织现场运行人员进行应急处置，做好人员疏散工作，维持现场秩序。

2）收集现场情况现场查明漏水发生的地点、渗漏设备、渗漏量，调查淹没的范围、被淹的设备、水位上涨情况。

（3）现场处理。

1）采取措施切断或限制漏水源，隔离故障点和故障设备。机组引水部件、通流部件发生严重漏水，立即停机或申请停机，落下快速闸门，联系起重人员落下尾水检修门，隔离水源。技术供水管路破裂漏水，停运该技术供水管对应设备，关闭前后隔离阀。

2）隔离水淹设备，对过水后可能发生接地短路而影响厂房供电或造成人身伤害的电气设备进行断电隔离，可能影响运行机组时，立即向网调汇报或申请停机。

3）检查厂房排水系统的运行情况，采取一切措施保证厂房排水通畅，并采用工业电视严密监视集水井水位，厂房排水系统故障，采取其他排水方式，尽快修复排水系统。

4）做好洪水、雨水的阻隔、导流工作，制作阻隔、导流围堰，防止洪水、雨水、渗漏水流向运行设备。

5）洪水倒灌进入厂房，根据洪水情况减少泄洪，降低尾水水位等措施。

（4）做好记录工作。在运行管理系统上做好详细记录。

【流程图】

水淹厂房处理流程如图 4-21 所示。

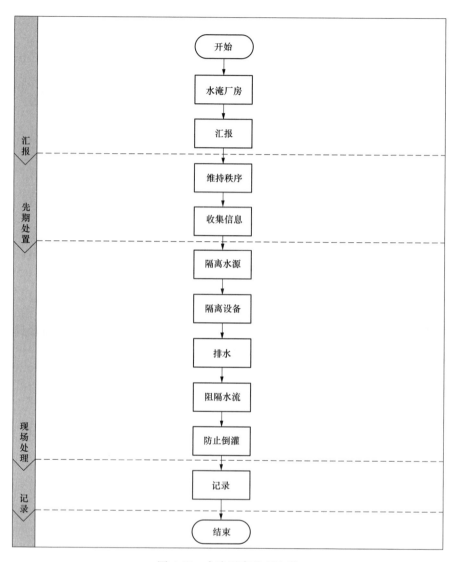

图 4-21 水淹厂房处理流程

三、低压触电处理流程

【故障现象】

人员发生低压触电。

【故障处理要点】

（1）尽量缩短触电者的带电时间。

（2）不可用手或金属和潮湿的导电物体直接触碰触电者的身体或与触电者接触的电线，以免引起抢救人员自身触电。

（3）解脱电源的动作要用力适当，防止因用力过猛将带电电线击伤在场的其他人员。

（4）在帮助触电者脱离电源时，应注意防止触电者被摔伤。

（5）进行人工呼吸或胸外按压抢救时，不得轻易中断。

【故障处理注意事项】

（1）第一时间呼救。

（2）胸外心脏按压频率应保护在 100 次/min。

（3）胸外心脏按压与人工呼吸比例，成人为 30：2。

【流程说明】

（1）脱离电源。

1）发现有人低压触电时，立即拉闸断电，并用竹竿、木棍挑开电线，使伤员脱离险境。救护员不能用手直接去拉触电者以免引起抢救人员自身触电。

2）拨打 120 求救。

（2）现场救护。

1）判断呼吸心跳。

2）若触电者呼吸和心跳均未停止，此时应将触电者躺平就地，安静休息，不要让触电者走动，以减轻心脏负担，并应严密观察呼吸和心跳的变化。

3）若触电者心跳停止、呼吸尚存，则应对触电者做胸外按压。

4）若触电者呼吸停止、心跳尚存，则应对触电者做人工呼吸。

5）若触电者呼吸和心跳均停止，应立即按心肺复苏方法进行抢救。

6）专业医护人员到达现场后，移交给医护人员。

（3）做好记录工作。在运行管理系统上做好详细记录。

【流程图】

低压触电处理流程如图 4-22 所示。

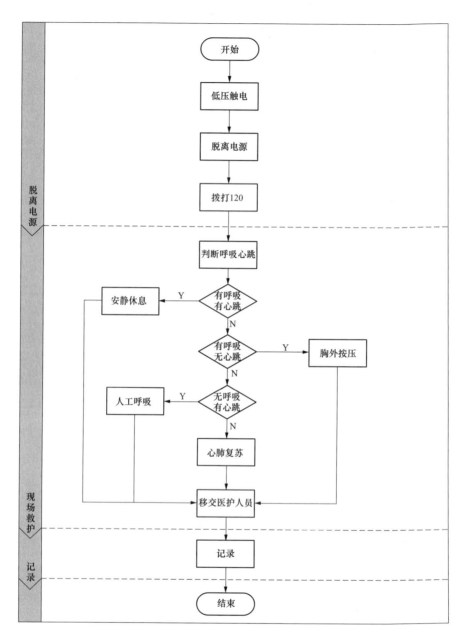

图 4-22　低压触电处理流程

【提问测试】

（1）试述开机保厂用电源的主要步骤。

（2）发现有人低压触电，马上用手将其拉开，助其脱离电源，是否正确？